理财有奥妙·持家有技巧

JIATING LICAI
ZHENBIANSHU

家庭理财枕边书

李晓琳◎编著

每天学一点家庭理财术

让家庭财富保值、倍增的秘密

廣東省出版集團
广东经济出版社

图书在版编目（CIP）数据

家庭理财枕边书 / 李晓琳编著. —广州：广东经济出版社，2013.10

ISBN 978-7-5454-2091-3

Ⅰ.①家… Ⅱ.①李… Ⅲ.①家庭管理—财务管理—基本知识 Ⅳ.①TS976.15

中国版本图书馆 CIP 数据核字（2013）第 175068 号

出版发行	广东经济出版社（广州市环市东路水荫路 11 号 11～12 楼）
经销	全国新华书店
印刷	广东新华印刷有限公司（广东省佛山市南海区盐步河东中心路）
开本	730 毫米×1020 毫米 1/16
印张	15.25 1 插页
字数	210 000 字
版次	2013 年 10 月第 1 版
印次	2013 年 10 月第 1 次
印数	1～5 000 册
书号	ISBN 978-7-5454-2091-3
定价	32.80 元

如发现印装质量问题，影响阅读，请与承印厂联系调换。

发行部地址：广州市环市东路水荫路 11 号 11 楼

电话：(020) 38306055 38306107 邮政编码：510075

邮购地址：广州市环市东路水荫路 11 号 11 楼

电话：(020) 37601950 营销网址：http://www.gebook.com

广东经济出版社新浪官方微博：http://e.weibo.com/gebook

广东经济出版社常年法律顾问：何剑桥律师

前言

近年来，投资理财越来越受到人们的青睐，投资理财的热潮掀起一波又一波，这都是有深厚的宏观和微观的深层原因的。从宏观经济上看，我国的国民经济仍然保持着持续多年稳定增长的势头，发展呼唤投资；国家一系列经济政策的制定和实施，为老百姓投资理财开辟了广阔的空间；在金融市场上已经开发出较多的个人投资理财工具供投资者一展才华。从微观环境上看，由于人们富裕了，腰包鼓了，有条件思考自己的剩余资金如何去投资了。加上众多投资人受到别人发财致富的诱导和刺激；预期通货膨胀，要求保持增值心理的增强，都激发了这种投资理财热的形成。

然而，同样也有一些人，在谈到理财问题的时候，经常会用一句话打发劝他理财的人："我没钱，也没有余钱可理。"我们对说这话的人是可以理解的，在人们的日常生活中，总有许多工薪阶层或中低收入者抱有这种观念，认为"只有有钱人才有资格谈投资理财"。因为一般工薪阶层，自己每月固定的那点工资收入，能应付日常生活开销就很不错了，哪来的余财可理呢？

这里，给大家讲一个耳熟能详的故事：鸡蛋可以变成鸡，鸡可以下更多的蛋，更多的蛋变成更多的鸡，如此经营，不久就可以发家了。擅长养鸡的人看到鸡蛋就会想到鸡，看到1元钱也能想到1亿元。也就是说1元钱是鸡蛋，1亿元是鸡。等不到鸡蛋孵成鸡，就把鸡蛋吃掉，那么鸡蛋永远也不会变成鸡。钱也一样。看1元钱便能想到1亿元，这就是赚钱理财的基本态度。

理财不在资金的多少，而在经营，善于经营的人，1元钱也能发财，何况现在大家的资金肯定不止1元钱呢。对于大多数资金不多的人来说，小额资金的运用，是一个非常重要的问题。因此，专家给我们的建议是：只要你有收入，有现金流，钱再少，只要好好规划，一样可以理财，关键就看你有多强的理财意识。

本书以家庭理财为出发点，并以实际应用的角度详细介绍家庭理财的相关知识和理财方法。全书根据理财投资的不同内容分为十一章，具体包括以下内容。

第一章初步介绍了家庭理财，包括理财的目标、步骤、理财的一些概念和简单的财务分析，使读者对家庭理财有一个初步的了解。

第二章介绍了什么样的理财观念是好的理财观念，且就一些大师的理财观念展开阐述，简明扼要地将这些大师的理财观念介绍给读者。

第三章介绍储蓄的目的、种类、方式，还讲解了怎样运用各种储蓄，以及一些储蓄应注意的问题和技巧。

第四章介绍了基金的种类、什么人适合买基金、基金投资的方法和如何选择基金。

第五章介绍了什么是股票、股票的分类、股票是如何赚钱的、股票的投资方法、投资策略和技巧等等。

第六章介绍了保险的分类、买保险的原则和注意事项，保险的相关知识、理赔程序，以及购买保险的误区等保险知识。

第七章介绍房产投资的特点、风险、优缺点和方式，还有投资物业的类型以及投资房地产的注意事项和误区，最后还介绍了买房人该如何看房。

第八章介绍了债券的特征、基本要素、分类和投资策略等。

第九章介绍了外汇市场、外汇交易和外汇投资的妙招。

第十章介绍了收藏品投资的知识，包括艺术品、黄金、邮票和古玩等。

第十一章介绍不同情况的家庭作不同理财规划的案例，还介绍了来自建设银行的专业理财规划书。

本书内容丰富，通俗易懂，是一本值得小家庭借鉴和参考的初级理财工具书。相信伴随着读者朋友的努力学习和积累经验，一定能成为自己家庭的理财能手。祝大家财源广进，快速步入家庭的财务自由之路！

目录

第一章

家庭理财初了解

一、家庭理财的目标

1. 获得资产增值

资产增值是每个投资者共同的目标，理财就是将资产合理分配，并努力使财富不断累积的过程。

家庭理财的五大目标

- 获得资产增值
- 保证资金安全
- 防御意外事故
- 保证老有所养
- 提供赡养父母及抚养教育子女

2. 保证资金安全

资金的安全包括两个方面的含义：一是保证资金数额完整；二是保证资金价值不减少，即保证资金不会因亏损和贬值而遭受损失。

3. 防御意外事故

正确的理财计划能帮助我们在风险到来的时候，将损失最大限度地降低。

4. 保证老有所养

随着老龄化社会的到来，现代家庭呈现出倒金字塔结构。及早制订适宜的理财计划，保证自己晚年生活独立、富足，应是现代家庭将面对的共同问题。

5. 提供赡养父母及抚养教育子女的基金

“老有所养”、“幼有所依”是中国自古以来的传统，现代社会这两方面的成本都很高，对逐渐成为社会中流砥柱的中青年人来说，也是不小的挑战。

根据理财的五大目标，我们可以看出，理财目的是“梳理财富，增值生活”。通过梳理财富这种手段来达到提升生活水平的目的。只有通过这种理念来引导人们不是简单地把理财当做“钱生钱”的游戏，从而避免人们进入一味地追求利润和回报的理财误区，这样，潜在的风险和损失也可以避免。

二、家庭理财规划的步骤

家庭理财规划的步骤

- 回顾家庭的资产状况
- 设定理财目标
- 弄清风险偏好是何种类型
- 进行战略性的资产分配

第一步，回顾家庭的资产状况。

包括存量资产和未来收入的预期，知道有多少资产可以理，这是最基本的前提。

第二步，设定理财目标。

需要从具体的时间、金额和对目标的描述等来定性和定量地理清理财目标。

第三步，弄清风险偏好是何种类型。

不要做不考虑任何客观情况的风险偏好的假设，比如说很多客户把钱全部都放在股市里，没有考虑到父母、子女，没有考虑到家庭责任，这个时候他的风险偏好偏离了他能够承受的范围。

第四步，进行战略性的资产分配。

在所有的资产里做资产分配，然后是投资品种、投资时机的选择。

理财规划的核心就是资产和负债相匹配的过程。资产就是以前的存量资产和收入的能力，即未来的资产。负债就是家庭责任，要赡养父母、要抚养小孩，供他上学。

三、了解几个财务概念

为更好地进行理财，理财者首先必须审视一下家庭的财务状况。

审视财务状况，就是整理个人所有的资产与负债，统计所有的收入与支出，然后将其编制为资产负债表和损益表。简单来说，就是摸清家底，建立档案，形成账表。

接下来，我们会先介绍一下资产、负债、收入、支出等概念。

1. 资产

（1）资产的概念。

资产是指所拥有的能以货币计量的财产、债权和其他权利。其中，财产主要是指各种实物、金融产品等；债权就是其他人或机构欠你的金钱或财物，也就是你借出去可到期收回的钱物；其他权利主要就是无形资产，如各种知识产权、股份等。

能以货币计量的含义就是各种资产都是有价的，可估算出它们的价值或价格。不能估值的东西一般不算资产，如名誉、知识等无形的东西。虽然它们也是财富的一种，但很难客观地评估其价格，所以在理财活动，它们不归属资产的范畴。另外就是资产的合法性，即资产是通过合法的手段或渠道取得，并从法律上来说拥有完全的所有权。

（2）资产的分类。

资产可以按照多种标准来进行分类。

①按流动性分类。

按照流动性可以分为固定资产、流动资产。

固定资产又可分成投资类固定资产、消费类固定资产。投资类固定资产是指可产生收益的实物，如房地产投资、黄金珠宝等；消费类固定资产是指生活所必需的生活用品，其主要目的就是供个人使用，一般不会产生收益（而且只能折旧贬值），如自用住房、汽车、服装、电脑等。

流动资产就是指现金、存款、证券、基金以及投资收益形成的利润等。

②按资产的属性分类。

按照资产的属性可以分为金融资产（财务资产）、实物资产、无形资产等。

金融资产包括流动性资产和投资性资产。有些理财观点认为，保险是投资类资产。虽然保险也可能为家庭或个人带来一定的收益，但它是意外收入，是不常见的且完全不可预测的，在一定时期大部分是不能确定其价值的，所以我们仅把它作为一般的资产对待。

实物资产就是住房、汽车、家具、电脑、收藏等。

无形资产就是专利、商标、版权等知识产权。

2. 负债

负债就是指个人的借贷资金，包括所有的债务、银行贷款、应付账单等。

（1）按到期时间分类。

负债根据到期时间可分为短期负债（流动负债）和长期负债，但区分标准并不统一。有些人把一个月内到期的负债认为是短期负债，一个月以上或很多年内每个月要支付的负债认为是长期负债，如按揭贷款的每月还贷就是长期负债。还有些人以一年为限，一年内到期的负债为短期负债，一年以上的负债为长期负债。实际上，具体区分流动负债和长期负债可以根据你自己的财务周期（付款周期）自行确定，如可以以周、月、每两月、季、年等不同周期来区分。

（2）按负债的内容分类。

也可以按负债的内容种类分类，具体如下：

贷款，如住房贷款、汽车贷款、教育贷款、消费贷款等各种银行贷款。

应付款，如债务、应付房租、应付水电、应付利息等。

税务，如个人所得税、遗产税等所有应纳税额。

预收款，如预收的房租收入等。

3. 资产与负债的价值评估

在整理资产负债的过程中，需对每项资产负债进行价值记录，也就是必须评估它们的价值。评估价值是一件非常容易产生争议的事情。但作为个人来说，可以采用相对简单的方法，因为大部分资产是不会出售的，所以只要你自己确信其价值即可。你就是自己的价值评估师。

（1）价值评估的原则。

评估价值必须依据两个原则。

其一是参考市场价值。所谓市场价值就是在公平、宽松和从容的交易中别人愿意为此项资产支付的价格。

其二是评估价值必须是确定在某个时间点上，如上个月底、去年底或者任何一天都可，因为资产价值是会随着时间变化的。

（2）资产价值评估。

现金最容易评估其价值，直接统计家庭共用的及所有家庭成员手上的现金额即可。

活期、定期存款的价值一般就是账户余额或存款额。当然，这少算了部分利息，因为存款一般都存储了一段时间，产生了利息。但是，我们开始没必要精确这些，虽然我们可计算出它的值。

股票的价值评估需参考当时的股票价格，一般就是你的股票数量乘以它当前的报价；其他如基金、外汇等也采用类似的方法。股票、基金、外汇这些资产价值是变化最快的，在每个交易时间它实际上都在变化之中，但是我们同样没必要去计较一时的变化，只要关注它的收盘价即可。

债券的价值一般就是票面值或成本额，暂时不用关心它的利息。

物品、汽车等的价值评估比较随意，你可参考其转让价，也可使用折旧的方式计算当前的价值。

房屋的价值相对来说比较难评估，作为家庭可能最大的资产，你只能参考当地同类房屋的转让价格，以此为基准进行估值。如果得不到类似的转让价格，暂时就以购进价作为其价值再说，到时调整，不要因为某项资产的价值不能确定就影响你整理资产的进程。

最难的可能是其他投资中的部分投资项目，如珠宝、古玩、字画等收藏，因为这些资产的市场价值具有更大的弹性，如果你不是这方面的专家，就可能需求助外人了。

保险价值的评估比较独特，需要分两种情况进行分别处理：一种是消费性险种，到期后没有任何收益，所以这种保险的价值为零；另一种是所缴保费可到期返还的险种，相当于储蓄，那么以其已缴保费额评估为此保险的价值。

（3）负债价值评估。

负债中贷款的价值就是到评估时间为止剩余的欠款额。如果是按揭贷款，分期还贷，且时间比较长（如 10 年以上），可能贷款利息所占比例相当之高。是否把这些巨额的利息也计入负债呢？一般不用，因为它是以后发生的负债（利息），不用提前计算。

税务的价值怎么计算呢？作为家庭来说，个人所得税可能是最主要的税项。在中国，作为工薪收入的人士，一般是通过单位代缴个人所得税的，所以在你的负债中可能没有此项。如果你是自由职业者、小业主、店铺经营者等人士，则可能需自行纳税。这时，你就需以收入或利润计算出应纳税额，作为负债进行统计。

（4）其他价值评估。

除以上提到的项目外，其他未说明的资产负债的价值评估，可自行确定。一般可参考以下顺序进行：市场参考价（转让价）、账户余额、成本价。

4. 收入

收入是指剔除所有税款和费用后的可自由支配的纯所得。对不同人而言，其收入项目不一样。但只有理清所有收入项目，并编排出适合自己的收入类目，才能做好记账的工作。

一般而言，收入包括以下项目：

工作所得，包括家庭所有成员的工资、奖金、补助、福利、红利等；

经营所得，包括自有产业的净收益，如生意、佣金、店铺等；

各种利息，包括存款利息、放贷利息和其他利息；

投资收益，包括租金、分红、资本收益、其他投资等；

偶然所得，包括中奖、礼金等。

5. 支出

支出是指全家所有的现金支付。

支出相对收入来说要繁杂得多。如果没有详细的记账记录，可能大部分家庭都不一定能完全了解自己的支出状况。但是，要罗列所有的开支项目确实比较困难，而且每个家庭都有自己不同的支出分类。所以，原则上只要你的支出分类清晰，便于了解资金流动状况即可。这里，我们将支出归类为以下几种，便于认识和理解。

日常开支，每天、每周或每月生活中重复的必须开支，包括饮食、服饰、房租水电、交通、通讯、赡养、纳税、维修等。这些支出项目是家庭生活所必需的，一般为不可自行决定的开支。

投资支出，为了资产增值目的所投入的各种资金支出，如储蓄、保险、债券、股票、基金、外汇、房地产等各种投资项目的投入。

奢侈消费，如学费、培训费、休闲、保健、旅游等。这些是休闲享受型支出，并不是家庭生活所必需的，一般为可自行决定的开支。

四、理财从记账开始

只有把自己的收入、支出、资产、负债等尽可能真实地记录下来，才能对自己的财务状况有量化的了解，从而有助于进行较真实、科学的理财分析，找出存在的问题，制订理财规划方案，有效地进行家庭理财。

如果你以前不太重视家庭记账，那么最好从现在开始就养成良好的记账习惯。虽然记账对某些人来说比较枯燥，但它是理财过程中比较重要的事情，做好日常功课，才能在关键时候作出正确的决策。实际上，通过日常记账，也能培养成功理财的重要素质之一——耐心。

1. 记账原则

流水账容易做，但也有一些原则要求遵守。

（1）分账户。

所谓记账分账户，就是所有收支记录必须对应到相应的账户下。只有这样，你才能方便地监控账户的余额以及分账户进行财务分析，也才能清楚地了解详细的资金流动明细情况。

（2）按类目。

所谓记账按类目，就是所有收支必须分门别类地进行记录。你需要建立自己的收支分类，并在记账时按照收支分类进行记账。只有这样，你的收支才能方便的进行统计汇总及分析。否则，就只是一笔糊涂的流水账。时间长了，就无从记起，更不可能进行统计分析，这样也就失去了记账的意义。

（3）需及时。

所谓需及时，就是保证记账操作的及时性、准确性、连续性。

①及时性。

记账及时性就是最好在收支发生后及时进行记账。

这样做的好处有三点：

首先，不会遗漏。如果时间拖久了，可能就会忘了此笔收支；就算能想起，也容易引起金额等方面的误差，对记账的准确性不利。

其次，对某些余额比较敏感的账户，如信用卡账户、委托银行付款的账户，采用及时记账就可保证实时监视账户余额。如发现账户透支或余额不够，你可及时处理，减少不必要的利息支出或罚款。

最后，可及时反映出理财的效果。如果是采用软件记账，一般能进行实时收支统计分析，给你理财提供依据。

②准确性。

记账准确性就是保证记账记录的正确。

首先，记账方向不能错误。

其次，收支分类要恰当。每笔记账记录都必须指定正确的收入分类，否则分类统计汇总的结果就会不准确。对综合收支事项，需进行分拆（分解），如某笔支出包括了生活费、休闲、利息支出，最好分成三笔进行记账。

再次，金额必须准确，最好精确到分。

最后，日期必须正确。收支日期就是业务发生日期。特别是在跨月的情况，最好不要含糊，因为进行年度收支统计时，需按月汇总。

③连续性。

记账的连续性就是必须保证记账连接不断，不要三天打鱼两天晒网。理财是一项长久的活动，必须要有长远的打算和坚持的信心。

2. 日常记账

那么，该如何进行日常的记账工作呢？

个人记账和企业记账不一样，不用那么繁琐，没必要收集所有收支的原始凭证来做账，只要尽可能把当天所发生的收支情况（鉴于收入具有周期性和突发性，因此每日做账主要是记录支出情况）记录清楚且不要遗漏即可。

（1）手工记账。

要记账就必须有账本。或者用一个空白的笔记本，按照表1－1的格式制作现金日记账本（即收支流水账），每当发生一笔收入或者支出，就在账本中记录一行。

表1－1　现金日记账　　单位：元

日期	摘要	类别	收入	支出	余额
月初余额					500
6月1日	发工资	薪水	8 000		8 500
6月5日	交房租、水电费、煤气费	生活费		1 000＋260＋40	7 200
6月7日	请同事吃饭	招待费		500	6 700
6月10日	打的	交通费		25	6 675
6月14日	超市购物	生活费		375	6 300
6月22日	笔记本维修	维修费		300	6 000
6月28日	出差补助	补贴	500		6 500
6月30日	本月伙食费（总计）	生活费		1 500	4 000
月末余额					4 000

手工记账的优点是可以随时记账，并且可以帮助熟悉其中的钩稽关系；缺点在于编制报表和分析时，要手工整理信息，工作量非常大。比如，每日要登记交通费、伙食费等，确实显得非常麻烦。

（2）电脑记账。

现在越来越多的人开始使用理财软件来记账以及进行财务管理。由于理财软件种类繁多，因此这里不再介绍软件的具体操作方法和使用技巧。

电脑记账的优势在于，记账轻松快捷，记账后可以选择性地进行单项分析，电脑会自动生成一些基本的财务报表（日常收支表、月平均收支报表、资金流量表、年度收支统计表等），而且可以打印出来备份。这是手工记账所无法比拟的。如有兴趣，可到相关网站下载理财软件。

3. 编制报表

在每天认真做账的基础上，每月月底都要把上月的收支情况汇总填制

“月收支统计表”和“月资产负债表”。这对下一步进行家庭财务分析非常重要。

“月收支统计表”（见表1－2）也可称为“月损益表”，由于使用的记账方法是现金收付制而不是权责发生制，因此“月收支统计表”实际上也就是现金流量表。这张表反映的是上一个月内家庭收入、支出及余额的财务状况。

表1－2　月收支统计表

年　月

一、收入	金额（元）
1. 工资收入（包括奖金、津贴、加班费、退休金）	
2. 兼职收入（包括劳务报酬、稿酬、咨询、中介费）	
3. 投资收入（包括房租、利息、股息、红利）	
其他收入	
收入总额：	
二、支出	
可控支出：	
1. 日常生活消费（食品、服饰费）	
2. 交通费（公交、出租车、保管、汽油、汽车维修、年检、养路费）	
3. 医疗保健费（医药、保健品、美容、化妆品、健身费）	
4. 耐用品购置费（购车、家具、家用电器费）	
5. 旅游娱乐费（旅游费、书报费、视听费、会员费）	
6. 投资费（储蓄、分红、万能、投联险、债券、基金、股票、期货、外汇、黄金、收藏品、房地产、实业）	
不可控支出：	
7. 家庭基础消费（水、电、气、物业、电话、上网费）	
8. 教育费（保姆、学杂、教材、培训费）	
9. 保险费（社保、意外伤害险、健康险、寿险、财产险、交强险、车全险）	
10. 税费（房产税、契税、个人所得税、车船使用税）	
11. 还贷费（房贷、车贷、投资贷款、助学贷款、消费贷款）	
其他支出	
支出总额：	
三、盈余	
（收入总额－支出总额＝盈余）	

“月资产负债表”（见表 1－3）是反映在截止日前家庭基本财务状况的报表。从表中可以得知家庭资产的构成，债权债务的关系；家庭的财务实力及发展趋向，偿债能力及资产结构的变化；家庭资产诊断所需要的主要资料；家庭净资产总额。

表 1－3　月资产负债表

年　月

<table>
<tr><th colspan="3">资产</th><th>金额（元）</th><th colspan="2">负债及净资产</th><th>金额（元）</th></tr>
<tr><td rowspan="17">金融资产</td><td rowspan="4"></td><td>现金与活期存款</td><td></td><td rowspan="4"></td><td>短期欠款</td><td></td></tr>
<tr><td>定期存款</td><td></td><td>赊账款</td><td></td></tr>
<tr><td>借出款</td><td></td><td>信用卡透支</td><td></td></tr>
<tr><td>其他</td><td></td><td>其他</td><td></td></tr>
<tr><td rowspan="10"></td><td>债券</td><td></td><td rowspan="10">长期贷款</td><td>住房贷款</td><td></td></tr>
<tr><td>基金</td><td></td><td>汽车贷款</td><td></td></tr>
<tr><td>股票</td><td></td><td>消费贷款</td><td></td></tr>
<tr><td>商品期货</td><td></td><td>助学贷款</td><td></td></tr>
<tr><td>金融期货</td><td></td><td>投资贷款</td><td></td></tr>
<tr><td>外汇</td><td></td><td>私人借款</td><td></td></tr>
<tr><td>分红、万能、投联保险现金价值</td><td></td><td>其他</td><td></td></tr>
<tr><td>房地产投资</td><td></td><td></td><td></td></tr>
<tr><td>实业投资</td><td></td><td></td><td></td></tr>
<tr><td>其他</td><td></td><td></td><td></td></tr>
<tr><td rowspan="3">年金保险资产</td><td>年金及养老账户</td><td></td><td colspan="2" rowspan="7">负债总额</td><td></td></tr>
<tr><td>寿险、健康保险现金价值</td><td></td><td></td></tr>
<tr><td>其他</td><td></td><td></td></tr>
<tr><td colspan="2" rowspan="7">实物资产</td><td>自用住房</td><td></td><td></td></tr>
<tr><td>汽车</td><td></td><td></td></tr>
<tr><td>高值家具、用具</td><td></td><td></td></tr>
<tr><td>高值电器、器械</td><td></td><td></td></tr>
<tr><td>高值衣物、首饰</td><td></td><td colspan="2" rowspan="3">净资产总额</td><td></td></tr>
<tr><td>黄金、珠宝、收藏品</td><td></td><td></td></tr>
<tr><td>其他</td><td></td><td></td></tr>
<tr><td colspan="3">资产总额</td><td></td><td colspan="2">负债及净资产总额</td><td></td></tr>
</table>

“收支流水账”、“月收支统计表（损益表）”及“月资产负债表”这三张表在个人理财中起着十分重要的作用，为理财的财务分析提供了原始依据和基础资料。这三张表对制订预算和理财规划方案，对优化家庭消费结构、帮助家庭实现资产快速增值都将具有重要意义。

五、进行财务分析

资产负债表和现金流量表会充分显示家庭财务状况的健康程度，并可以据此了解期望实现的消费支出和实际收入、储蓄与投资之间的差距。然后，通过对各项财务比率进行分析，可以衡量拥有的资产在偿付债务、流动性和盈利性等方面的能力，同时反映出自己的风险偏好、生活方式和价值趋向，从而找出改善财务状况、实现财务目标的方法。

1. 常见财务比率分析

（1）净资产偿付比率。

净资产偿付比率，又称资产权益率，其计算公式为：

$$净资产偿付比率=净资产\div 总资产$$

$$净资产=总资产-负债$$

该比率反映了综合还债能力的高低，能用来判断自己财务状况的风险程度。

例如，如果你家的净资产为500 000元，总资产为700 000元，那么偿付比率为500 000/700 000≈0.71，这意味着即使在经济不景气时，你的家庭也有能力偿付所有的债务。

理论上，偿付比率的变化范围在0到1之间。一般而言，该比率处于0.7～0.8之间较为适宜。如偿付比率太低，意味着现在的生活主要靠借债来维持，一旦债务到期或收入大幅度下降，资产也会随之出现损失，则很可能发生资不抵债的破产迹象。如果偿付比率过高，比如接近1，那意味着你可能没有充分利用自己的信用额度。在这种情况下，有必要通过借款来进一步优化其财务结构。

（2）资产负债率。

资产负债率是反映综合偿债能力的更为常用的比率指标，同样可以判断自己财务状况的风险程度。其计算公式为：

资产负债率 = 负债 ÷ 总资产

由于净资产 + 负债 = 总资产，所以资产负债率和净资产偿付比率之和为“1”。

资产负债率的数值也是在 0 到 1 之间，该数值控制在 0.5 以下较为理想。如果该比率低于 0.5，那么由于资产流动性不足而出现财务危机的可能较小。如果该项比率大于 1，则意味你的财务状况已趋恶化，不容乐观，从理论上讲你已经破产。

（3）负债收入比率。

负债收入比率。又称债务偿还收入比率，是衡量财务状况是否良好的重要指标。该比率是某一时期（1 个月、1 季度或 1 年）到期财务本息和收入的比值。因财务偿还是在交纳所得税之前进行，这里采用的是每期税前收入。其计算公式是：

负债收入比率 = 负债 ÷ 税前收入

如果收入和财务支出都相对稳定，可以用年作为计算周期。如果收入和财务数额变化较大，则应该以月为周期进行计算，这样才能更准确地反映收入满足债务支出的状况，避免某些月份因收入不足或到期债务较多而产生债务危机。

比如，你家的年总收入为 150 000 元，债务支出中“房屋贷款偿还”和“个人贷款偿还”两项共计 50 000 元，将该数值除以当年的总收入，得到债务收入的比率为 0.333。该数值意味着你每年收入中的 33.3% 用于偿还债务，这一指标是适中的。

从财务安全的角度看，个人的负债比率数值如果在 0.4 以下，其财务状况属于良好状态。如负债收入比率高于0.4，则继续借贷融资会出现一定的困难。也有学者认为，要保持财务的流动性，负债收入比率在0.36左右最为合适。当然，如果负债收入比率较高，应该进一步深入分析自己的资产结构、借贷信誉和社会关系情况，然后再作出判断。比如，美国的很多居民都通过参与职工福利计划为自己提供收入保护，他们就不需要保留过多的流动资产。另外，年龄的差异对负债比率的高低也有相当影响。

（4）流动性比率。

资产的流动性是指资产在未来可能发生价值损失的条件下迅速变现的能力。能迅速变现而不会带来损失的资产，流动性就强；相反，不能迅速变现或变现过程中会遭受损失的资产，流动性就弱。在财务分析中，一般将“现金及现金等价物”看作是流动性资产，流动性比率就反映了这一类资产数额与每月支出的比率，其计算公式如下：

流动性比率＝流动性资产÷每月支出

按照国际上通用的经验标准，流动性比率至少要大于3，在3～12之间比较合理。也就是通常所说的，一个家庭需要保留每月支出3～12倍的现金存款。这样才能保证在遇到变故时，至少有维持3～12个月生活开支的现金。即使因变故而需要变卖财产套现（如卖房子），也可以有比较充裕的时间找寻买家。

流动性比率过高的现象在高收入群体中较为普遍，很多人发了工资便不去管它。其实，流动性比率过高也不好，影响理财收益的提高，财务状况同样也会进入亚健康状态。所以，只要你有固定的收入保障或工作十分稳定，那么资产流动性比率可以维持得较低一些。比如，将更多资金用于资本市场投资，就可能获得更高的收益。

如果收入分布不均衡，流动性比率应相应地高一些。

（5）储蓄比率。

储蓄比率是指盈余和收入的比率，它反映了你控制开支和增加净资产的能力。为了更准确地体现你的财务状况，这里采用的一般是税后收入。

其计算公式如下：

储蓄比率 = 盈余 ÷ 税后收入

比如，你的总收入为400 000元，税收支出为120 000元，那么税后收入为400 000 − 120 000 = 280 000元，储蓄存款为56 000元，则储蓄比率为56 000/280 000 = 0.20。也就是说，在你满足当年的支出后，可以将20%的税后收入用于增加储蓄或投资。

在美国，受高消费低储蓄观念的影响，居民的储蓄率普遍较低，平均储蓄比率只有5% ~8%。但在中国，由于储蓄是为了实现某种财务目标，则该比率会比较高，目前通常都达到了30%左右。

（6）投资与净资产比率。

投资与净资产比率是指投资资产除以净资产，求得的两者之比。这一比率反映了通过投资增加财富以实现其财务目标的能力。它的计算公式如下：

投资与净资产比率 = 投资资产 ÷ 净资产

比如，你的投资资产为500 000元，净资产为800 000元，投资与净资产比率为500 000 ÷ 800 000 = 0.625，这表明你的净资产有一半以上是由投资组成的。

专家认为，将投资与净资产比率保持在0.5以上，才能保证净资产有较为合适的增长率。对较年轻的个人而言，由于财富积累年限尚浅，投资在资产中的比率不高，他们的投资比率也会较低，一般在0.2 ~0.3左右。

2. 综合性财务比率分析

（1）理财成就率。

理财成就率是衡量一段期间的理财绩效。一般而言，在不进行任何投资理财的情况下的标准值为100%，而理财成就率愈大，则表示理财成绩愈好。必须特别注意的是，理财成就率的算法有一假设性的前提，即储蓄的成长率等于投资报酬率。它的计算公式如下：

$$理财成就率 = \frac{目前的净资产}{目前的年储蓄 \times 已经工作年数}$$

比如，你已经工作了8年，平均年储蓄50 000元，目前拥有净资产600 000元，那么你的理财成就率为600 000 ÷（8 × 50 000）=1.5。这表示过去你进行财务管理的成绩非常不错，今后继续保持。

（2）资产成长率。

资产成长额等于储蓄额加上投资利得，资产成长率就是资产成长额与期初总资产的比率，它表示财富增加的速度。家庭得以快速致富的财务原因，就是提高了其资产成长率。资产成长率的计算公式如下：

资产成长率 = 资产变动额 ÷ 期初资产额

= （年储蓄 + 年投资收益） ÷ 期初总资产

= 年储蓄/年收入 × 年收入/期初总资产 + 金融资产额或生息资产额/期初总资产 × 投资报酬率

= 储蓄率 × 收入周转率 + 金融资产额或生息资产比重 × 投资报酬率

比如，你年初拥有资产净值约100万元，当年度储蓄额为25万元，投资收益也为25万元，则资产成长率为（25万 + 25万） ÷ 100万 = 50%。

设法维持每年正值的资产成长率，是资产成长的第一目标。根据这个公式，可以知道提高资产成长率有多种方式，如提高储蓄率，提高收入周转率，提高金融资产或生息资产占总资产的比重，或者提高投资报酬率。

如果目前有负债，例如房贷、车贷、小额信贷等，尽可能提早还款，减轻财务负担，将资金运用在其他投资工具上，提高投资收益。

（3）财务自由度。

财务自由度是理财中一项很重要的指标，它是衡量纯粹以投资报酬来支付消费支出的比率的程度。如果一个人不用“朝九晚五”的上班，单靠投资理财所取得的收益，就完全可以维持较好的财务状态，那么这个人的财务自由度就高；如果一个人除了工资之外几乎没有任何理财收入，那他的财务自由度就很低了。具体而言，财务自由度的计算公式如下：

财务自由度＝目前的净资产×投资报酬率/目前的年支出

＝投资性收入（非工资收入）/日常消费支出

理想的目标值是退休的时候，财务自由度为1，即包括退休金在内的资产投资生息，靠利息和各种投资收入就可以应付支出。当然，财务自由度大于1就更好了。那样，你不单能够财务自由，人生也会更加自由惬意。

如果你的财务自由度远低于应有的标准，那么应该更积极地进行储蓄投资计划。当整体投资报酬率随存款利率日见走低时，即使净资产没有减少，财务自由度也会降低。此时应设法以储蓄来累积净资产，否则就只能降低年支出的水平，方可在退休时达到财务独立的目标。

第二章 更新你的理财观念

现在年轻人中流行着一种享乐的消费观念，他们每月的收入全部用来消费和享受，每到月底银行账户里基本处于“零状态”，所以就出现了所谓的“月光族”（每月工资都花光）这个群体。

“月光族”具有的基本特征是：每月挣多少，就花多少。

这些年轻人往往穿的是名牌，用的是名牌，吃饭下馆子，可是银行账户总处于亏空状态。

他们偏好开源，讨厌节流，喜爱用花掉的钱证明自己的价值，他们认为花出去的才是钱。

他们还常常认为会花钱的人才会挣钱，所以每个月辛苦挣来的“银子”，到了月末总是会花得精光。这就是“月光族”的真实写照。

“月光族”表面上看起来十分风光的生活，实际埋藏着巨大的隐患，他

理财小提示

“月光族”具有的基本特征是：每月挣多少，就花多少。往往穿的是名牌，用的是名牌，吃饭下馆子，可是银行账户总处于亏空状态。

可别当“月光族”哦！

们的资金链是处于“断开”状态下的。没有积蓄，所有的收入都消费了，看似潇洒的生活方式是以牺牲个人风险抵御能力为代价的。导致的后果是：这些人很有可能因为一次意外（疾病、失业等），而使个人资金流出现严重问题，以至于无法抵御这些不良影响的作用；更不要指望他们能独立解决个人面临的成家立业、赡养老人以及抚养子女的问题了。所以，“月光族”风光表面背后的本质是一种被动的生活方式。这种生活方式会把你变成一只待宰的羔羊，当风险来临的时候你只能束手待毙。

以下我们通过两个案例来看看不同消费观带来的差异。

小案例

案例一　月光族的 Amy

Amy 毕业于广州一所著名高校，毕业后在一家外企工作两年，月薪 5 000 元，除去每个月的房租、生活费，Amy 喜欢逛街，到天河城百货买衣服，每周至少一次。此外，每月还会约上同学朋友去酒吧喝上两杯，到 KTV 放松一下工作压力，一个月下来，5 000 元往往不够花，甚至有时还要跟朋友借钱花。结果两年工作下来没攒下什么钱。Amy 今年已经 25 岁了，她很庆幸自己是个女孩，因为自己可以找一个有一定经济实力的男朋友，并希望男朋友最好能有套房，这样她就不用为买房操心了。假如她能嫁一个“钻石王老五”还好说，倘若嫁一个收入平常的人，要想结婚后有一个自己的小窝，恐怕就不那么容易了。其实 Amy 比起很多人来说已经算幸运了，毕业后找工作很顺利，而且工资收入也不错。但即使这样，她依然抱怨：“每到月底，我就两手空空，总是等着发薪水的那一天。”

如果一个女孩，把人生的前途希望都寄托在未来老公的身上，这是不是不太保险呢？

案例二 每月寄800元回家的民工小王

我们看看另外一个人的情况。

小王，28岁，是在广州某建筑工地干活的民工，每天要工作12个小时，一天挣40元钱，加上夜班，每月收入也就1 300元。在扣除吃、住的费用后，他每月仍坚持给家里寄800元。算一算，两年下来，家里收到小王19 200元的汇款，一家人正打算多存个两年后，在家里盖一间新房子。

我们可以比较一下，Amy的月收入是小王的4倍，可是两年下来，小王有了19 200元的积蓄，而Amy仍然面对着高消费的生活感到无限彷徨，自己觉得很无望，只有天天企盼一个金龟婿的到来，解救自己于水火之中。

这里我们不去讨论收入的问题，从事的劳动不同，付出不同，收入自然不同。但是都市的月光族，他们没有想过，80后的年轻人，在未来的几年里，不仅要买房、结婚，还可能要赡养4位长辈（自己的父母和爱人的父母）和抚养至少1个子女。所以，今日潇洒轻松的“月光族”，明天的生活将要有多少等待克服的困难。

其实，在一生之中，每个人都应该享有经济上的保障和富足，都应该尽早获得财务自由。要想达成这个目标，理财的理念和技能就显得至关重要。无论你现在的财务状况多么糟糕，如果你真想做的话，你就能扭转这种状况。是的，财富是无法复制的，但关于获得财富的观念是可以学习的，而观念也许就是最重要的。

一、最好的理财观念

什么样的理财理念才是最好的呢?

是巴菲特的价值投资法吗，集中优势兵力于自己选中的少数几只股票?还是遵循一般的投资学中所强调的投资多元化来分散风险?抑或学习索罗斯，对于风险迎面而上，通过快速的对冲来获取和高风险对应的高报酬?

其实，观念没有最好，只有最合适。只有根据个人的特点，包括家庭背景、学历专业、从事行业、熟悉的业务和财务背景等，甚至包括闲暇时间，选择最适合自己的理财方式，才能做到轻松理财和适当理财，以最快的速度走上自己的财富之路。

理财能否成功，最重要的还是要找到最合适自己的理财方式，并以最合适的理财观念来指导自己。如果你有雄厚的财务知识和财务工作实践，闲暇时间也足够充分，不妨学习巴菲特的价值投资理念，重点研究自己熟悉的股票领域，选择几只价格低于价值的股票，全力买入，长期持有，并且跟踪关注，在应该卖出的时候果断出手；如果你对期货市场特别熟悉，也是风险爱好者，喜欢价格猛上猛下的刺激，那你可以选择通过期货市场来让你的财富迅速增值；而如果你工作很忙，财务知识也非常有限，那就可以选择购买基金，将你的资金委托给基金经理来实现增值。

总之，最好的理财观念，一定是最适合你的，一定是轻松和愉快的，所有让你焦头烂额的理财理念都是应该远离的。

二、十大理财观念

这里为大家搜集整理了一些流行的理财理念，希望对大家能够有所启发。

1. 要成为有钱人就必须先有钱

赚钱之道，上策是钱生钱，中策是靠知识赚钱，下策靠体力赚钱。

钱是永远不知道疲倦的，关键在于你是否能驾驭它。很多人都知道“以钱滚钱，利上加利”，却没有多少人能体会它的威力。别以为“钱生钱”需要高超的投资技巧和眼光，更别以为所有有钱人都很会这一套，因为就算最不会理财的富翁，财富累计的速度也远远超过穷人的想象。

比如，一个拥有100万元存款的小富翁，只要把钱以年息4%存定期，一年光是利息收入就有4万元，而月薪3 000元的小上班族，就算不吃不喝辛勤工作一整年，也存不足这个金额。这种只会把钱存在银行是最不会赚钱的富翁。倘若和巴菲特一样，把钱用来投资每年平均报酬率为30%的理财工具，几乎每隔3年存款就会增加1倍。

因此，“要成为有钱人就必须先有钱”听起来好像有些矛盾，却指出了一个最难以下咽的事实：假如你对增加收入束手无策，假如你明知道收入有限却任由支出增加，假如你不从收入与支出之间挤出储蓄，并且持续拉大收入与支出的距离，那么你成为富翁的机会微乎其微。

2. 高收入不一定成为富翁，真富翁却会低支出

美国研究者史丹利（Thomas Stanley）和丹寇（William Dank）曾经针对美国身价超过百万美元的富翁，完成一项有趣的调查。他们发现：“高收入”的人不一定成为富翁，真正的富翁通常是那些“低支出”的人。这些被史丹利和丹寇调查的富翁们很少换屋、很少买新车、很少乱花钱、很少乱买股票，而他们致富的最重要原因就是“长时间内的收入大于支出”。

在美国另外一项对富翁生活方式的调查中，我们发现：

他们中大多数人时常请人给鞋换底或修鞋，而不是扔掉旧的；

近一半的人时常请人修理家具，给沙发换垫子或给家具上光，而不买新的；

近一半的人会到仓储式的商场去购买散装的家庭用品；

大多数人到超市去之前都有一个购物清单。这样做不仅会省钱，可以避免冲动购物，而且，如果有清单，他们在商店购物的时间就会减少到最低限度。他们宁愿节约时间用于工作或与家人在一起，也不愿意在超市胡乱地走来走去。

……

这个结论看来再简单不过，却是分隔富人和穷人最重要的界限。任何人违背这条铁律，就算收入再高、财富再傲人，也迟早摔出富人的国界。任由门下三千食客坐吃山空的孟尝君、胡乱投资的马克·吐温，当然还有无数曾经名利双收却挥霍滥赌乱投资的知名艺人，都是一再违背“收入必须高于支出”的铁律之后，千金散尽。更妙的是：一旦顺应了这条铁律，散尽家财的富人也可东山再起。

19世纪著名的英国文学家王尔德曾说过：唯一的必需品就是非必需品。在削减开支和努力提高现有生活水准之间，现代人多数会选择后者。他们永远都想要更好的车、更大的房子、更高的薪水。而一旦得偿所愿，他们很快就又变得不满足。学术界将之称为“享乐适应”（hedonic adaptation）或是“快乐水车”。当升职或是新房新车带给我们的兴奋逐渐消退时，我们又会开始去追求别的东西，如此周而复始。

3. 把鸡蛋放在一个篮子里

“把你的财产看成是一筐子鸡蛋，把它们放在不同的地方：万一你不小心碎掉其中一篮，你至少不会全部都损失。”这是经典的鸡蛋篮子论述，但事实真的如此吗?

（1）正方——马克维茨派。

资产分配，是一个关键性的投资概念，意指把你的财产看成是一筐子鸡蛋，然后决定把它们放在不同的地方，一个篮子、另一个篮子……万一你不小心碎掉其中一篮，你至少不会全部都损失。

这个投资界最著名的比喻来源于1990年诺贝尔经济学奖的获得者马

克维茨。

马克维茨派认为：关注单个投资远远不及监控投资组合的总体回报来得重要。不同的资产类别，例如股票和债券，二者之间可能只有很低的相关性。换句话说，就是它们的表现彼此关联不大。如果你有很多项投资，你就会看到他们的表现一年与一年差别很大。比如，有的年头股票表现不佳，债券表现出色，而有时则恰好相反。

鸡蛋必须放在不同篮子的主要目的是，使你的投资分布在彼此相关性低的资产类别上，以减少总体收益所面临的风险。这句话也许有些晦涩。举例而言，假设在2005年到2007年间，把1 000美元投资在一个多样化的投资组合上得到了正收益；但如果这1 000美元完全投资在股票上，则很可能带来负收益。

更重要的是，多样化投资组合的波动性更小。也就是说，在整段时间内，多样化投资组合的价值不像单一投资组合的价值变动那么大。如果你把全部家当都押在一项资产（如一栋房产或是某家公司的股票）上，那么你就会在市场波动面前变得无比脆弱。

（2）反方——巴菲特、索罗斯。

投资大师会首先从赚钱的角度考虑：如果你错过这个机会，你将少赚多少钱?

实际上，除了在面临系统性风险时难以规避资产缩水，分散投资的另一个不足在于，这种投资策略在一定程度上，降低了资产组合的利润提升能力。

举个简单的例子。同样为10元的初始资金，股票价格均为1元，组合A由10只股票组成，每样股票买一股；组合B由5只股票组成，每样股票买两股。假设这些股票中，组合B的5只股票，组合A也都购买了。其后这五只股票价格翻番，而其他的价格没有变化，则组合A、组合B的收益率分别为50%和100%。很显然，由于组合A投资过于分散，那些没有上涨的股票，拉低了整个投资组合的收益水平。

斯坦利·德鲁肯米勒是接替索罗斯的量子基金管理人。有一次，斯坦利以德国马克做空美元，当这笔投资出现盈利时，索罗斯问：你的头寸有多少？

“10亿美元。”斯坦利回答。

“这也能称得上头寸？”索罗斯说，“当你对一笔交易有信心时，你必须全力出击。持有大头寸需要勇气，或者说用巨额杠杆挖掘利润需要勇气，但是如果你对某件事情判断正确，你拥有多少都不算多。”

还有一个更加可靠的理由支持：如果你的钱并不多，分散它有意义吗？

（3）总结。

鸡蛋和几个篮子，都谈不上问题的关键。这个比喻只是告诉你：如果你只是希望冒最小的风险拿到最大的收益，那么多放几个篮子吧——这种方法适合稳健的你！但如果你敢于承担风险且有能力面对风险，另外对这个大机会绝对自信，试图冒此风险获取大很多的收益，那碎鸡蛋也不会让你难受。

4. 赚大钱的唯一途径就是少冒险

规避风险是积累财务的基础。如果你为赢利而冒极大的风险，你更有可能以大损失而不是大盈利收场。正如20世纪最出色的两位投资家所言：乔治·索罗斯认为在金融市场上生存有时候意味着及时撤退；沃伦·巴菲特则断言，如果证券的价格只是真正价格的一个零头，那购买他们毫无风险。

事实上，在“少冒风险”上我们的确做得不错，否则银行里就不会有那么多的存款了。正是因为“避免赔钱”深入人心，所以大多数人都将资金安全放在第一位，面对投资时都表现出一种消极的态度，即“我最好什么也不做，因为我有可能赔钱”。

但如果什么都不做，你又如何赚到大钱呢？何况，什么也不做同样有风险，比如通胀。

现在，我们进入了一个理论的怪圈。常识教我们：一份风险一份回报。利润和损失是相关的，就像一枚硬币的两面：要想得到赚 1 000 元的机会，你就必须承受失去 1 000 元的风险。但是，要想赚大钱又必须少冒险。

那么，到底该怎么做呢？

简单地说，就是认识风险！风险是什么？通俗点讲，有风险是因为你不知道你在做什么。

1992 年，当索罗斯用 100 亿美元的杠杆做空英镑时，他是在冒险吗？对我们来说，他是在冒险。我们容易根据自己的尺度来判断他的风险水平，或者认为他的风险是绝对的。但索罗斯知道他在做什么。他相信风险水平是完全可管理的，他已经算出，即便亏损，损失也不会超过 4%，“因为其中的风险真的非常小”。

5. 只按自己的方式做投资

罗杰斯从来都不重视华尔街的证券分析家。他认为，这些人随大流，而事实上没有人能靠随大流而发财。“我可以保证，市场的大多数操作是错的。必须独立思考，必须抛开羊群心理。”

投资之初，该听谁的，不听谁的？这是个问题。

罗杰斯曾经说过：“我总是发现自己埋头苦读很有用处。我发现，如果我只按照自己所理解的行事，既容易又有利可图，而不是要别人告诉我该怎么做。”

100 个人有 100 种投资理念，如果每个投资分析师的话都可能对你产生影响的话，最好的方法就是谁说的也别信，靠自己做决断。

按自己的方式投资的好处就是，你不必承担别人的不确定性风险，也不用为不多的盈利支付不值那么多钱的咨询费用。而且，你的分析师如果确信无疑的话，他会自己操作去赚那笔钱，而不是建议你买入。

投资都经历过三种境界：第一种境界叫作道听途说。每个人都希望听别人建议或内幕消息，道听途说的决策赔了又不舍得卖，就会去研究，很自然的倾向就是去看图，于是进入了第二阶段，叫作看图识字。看图识字的时候经常会恍然大悟，于是第三个境界就是相信自己。在投资决策的过程中，相信别人永远是半信半疑，相信自己却可能坚信不疑。

6. 如果你是个有责任的人，请买保险

有一个调查显示，说起理财，八成白领都不会选择保险，他们都认为保险的回报率太低。其实，他们是误解了保险的作用。风险投资、股票投资也许体现的是钱生钱，而保险则反映了钱省钱。买保险才是有责任感的体现。

这个责任感源自于一个假设：如果你不幸罹难，你的亲属怎么办？你是否为她（他）们想好了足够的退路？所以，购买寿险的主要原因是保护你和依赖你的人。万一上面不幸的事情发生，而你再没有能力或机会保护他们的时候，保险公司可能会站出来扮演你在财务上的角色，至少能为陷入经济困境的家人减少痛苦。

而同样的逻辑也为你解决了另外一个问题：是否该为孩子购买保险？显然在这些脆弱的小生命肩上尚未烙下“责任”的痕迹，相反他们时时刻刻依赖着你，所以你需要给自己买份保险的理由远远超过给孩子。

越来越多的人认同了保险的作用，保险体现着爱，体现着责任。钱生钱固然重要，钱省钱也很关键，保险就是让你花较少的钱来获得较大的保障。至于要购买多少保险，没有标准的答案，但如果追根溯源，你承担的责任多大，保额就该多大。

7. 通胀、税收和成本是投资者的三大敌人

多数交易可能都会涉及佣金或是税金，甚至有可能两者都涉及。

在你下一次进行交易前，一定要仔细、认真地考虑。

把钱投入到一个充满变数的市场之前，需要考虑一个问题，风险在哪里？赚钱的障碍是什么？

实际上，如果将通胀、税收和各种成本因素都考虑进来，你会发现自

己有些投资组合根本就不赚钱。

比如，在美国购买一个投资债券的共同基金，收益率为5%，如果基金的年费是1%，你的收益率就会降到4%；如果你适用的所得税率为25%，政府还要从这些收益中提走1/4，这样收益率就降到了3%；要是通货膨胀率恰好又是3%呢？可以这么说，至少税务机关和你的基金经理是赚钱的。

当你卖出一种投资，而买进另一种投资时，你的回报率不一定就会因此提高。但是，改变却一定会带来成本。当然，如果你在一个退休账户中买进和卖出免佣金的共同基金，那就另当别论了。而其他多数交易可能都会涉及佣金或是税金，甚至有可能两者都涉及。因此，在你下一次进行交易前，一定要仔细、认真地考虑考虑。

8. 理财尽早开始

年轻人的眼里，养老似乎是件遥远的事。但年轻时必须清醒地认识到，未来的养老金收入将远不能满足我们的生活所需。退休后如果要维持目前的生活水平，在基本的社会保障之外，还需要自己筹备一大笔资金，而这需要我们从年轻时就要尽早开始进行个人的财务规划。

退休规划是贯穿一生的规划，为了使老年生活安逸富足，应该让筹备养老本钱的过程有计划地尽早进行。社保养老、企业年金制度以及个人自愿储蓄，是退休理财的金三角。

筹备养老金就好比攀登山峰，同样一笔养老费用，如果25岁就开始准备，好比轻装上阵，不觉有负担，一路轻松愉快地直上顶峰；要是40岁才开始，可能就蛮吃力的，犹如背负背包，气喘吁吁才能登上顶峰；若是到50岁才想到准备的话，就好像扛着沉重负担去攀登悬崖一样，非常辛苦，甚至力不从心。同样是存养老金，差距咋这么大呢？奥妙在于越早准备越轻松。

养老看似很遥远的事，但是却影响着我们每一个人。有调查表明，中国的在职者在37岁就开始面临养老问题，比已退休的老一辈提前了10

岁。养老规划越早做，越划算。例如：你每个月都多存 100 元钱，如果你 24 岁时就开始投资，并且可以拿到 10% 的利润，34 岁时，你就有了 2 万元钱。当你 65 岁时，那些小小的投资就变成了 61.6 万元钱了。

9. 钱装进口袋不如装进脑袋

有个名人曾说过：对于自身的投资是最大的投资。

和一般性商业投资的最大不同之处，自我投资绝对有收益，而且时间越久，获益越多。更重要的一点，自我投资绝对不会血本无归，更没有谁能分享甚至抢走这属于你的获益。

自我投资的另一大好处是，任何时候开始都不嫌迟。只要你愿意，今天的投入，必然是明天的收获。

自我投资分两个方面：硬件方面和软件方面。

（1）硬件方面。

硬件方面就是要做好身体素质的锻炼，也就是健身理财，这一点已经得到越来越多人的认可。

身体是赚钱的本钱，健康是我们最大的财富，因此身体锻炼在年轻的时候就要注意。近些年来，虽然人们的收入在不断增加，但还赶不上看病住院的花费涨得快。当前人们健康观念逐步转变，全民健身越来越热，家庭用于外出旅游、购买健身器械、合理膳食、接受健康培训等投入呈上升之势。因为大家都明白，这些前期的健康投入增强了体质，减少了生病住院的机会，实际上也是一种科学理财。

（2）软件方面。

软件方面就是要拓宽知识面，不断学习，提高自己。知识就是财富，此言不假！年轻时把钱装进口袋不如装进脑袋。积累财富的途径之一就是提升自我价值，所以为知识进行的投资是值得的，要看长远的收益而不是一时的付出。

10. 适当的负债有益，但要避免高成本的负债

话说一个中国老太太和一个美国老太太偶然相遇，谈起了自己的一生。

美国老太太说："我辛苦了30年，终于把住房贷款都还清了。"

中国老太太说："我辛苦了30年，终于攒够了买房的钱。"

前些年，就是这个"美国老太太和中国老太太的对话"曾经改变了很多人的理财观念。于是，中国人也学会了"贷款"和"按揭"，学会了"花明天的钱圆今天的梦"。殊不知，盲目学习这种提前消费的理财理念，而没有考虑国情差异，导致了很多人陷入债务的困境之中，甚至有些人因债务所累还引发家庭矛盾。

知错就改！近两年，拒绝负债又成为一种提前消费的派生理念。于是，很多人开始省衣节食，匆忙提前还贷。负债确实没了，但也没有余钱进行投资了，甚至生活质量都有所下降。

其实，没有负债不是什么值得炫耀的，反而证明你的理财观念有些过时。为什么不想想，负债和投资其实是伙伴呢？

当然，如果你的财务状况比较紧张，或者负债过日子心理负担大，又或者借款不知道能干吗，那么不贷款是个好选择，或者选择所能承受的小额贷款。

否则，应该适度负债，释放一部分现金，利用投资的回报率抵消负债的利息。这样，负债就不再是一种负担，反而是"借鸡生蛋"的最好诠释。

适当的负债有益，不但充分利用了其资金的杠杆效应，使资金得到了较好的增值机会，同时自己也享受了舒适的生活。但是做投资决策时，要注意一点，当投资收益率高于贷款利息率时，负债是利用别人的钱赚钱，否则很容易进入负翁而非富翁一族。

三、财富大师的投资理财智慧

1. 沃伦·巴菲特

沃伦·巴菲特是一个具有传奇色彩的人物。1956年他将100美元投入股市，40 年间创造了超过了 200 亿美元的财富，不仅在投资领域成为无人能比的美国首富，而且成为了美国股市权威的领袖，被美国著名的基金经理人彼得·林奇誉为“历史上最优秀投资者”，使全球各地的股票投资者都热衷于效仿巴菲特投资方法和理念。

下面摘取了部分巴菲特的投资理念，供参考。

（1）选股原则：超级明星企业。

第一步，选择具有长期稳定性的产业；第二步，在产业中选择具有突出竞争优势的企业；第三步，在优势公司中优中选优，选择竞争优势具有长期可持续性的企业。

“我们把自己看成是企业分析师，而不是市场分析师，也不是宏观经济分析师，甚至也不是证券分析师。……最终，我们的经济命运将取决于我们所拥有的企业的经济命运，无论我们的所有权是部分的还是全部的。”

“一段时间内，我会选择某一个行业，对其中 6 家 ~7 家的企业进行仔细研究。我不会听从任何关于这个行业的陈词滥调，我努力通过自己的独立思考来找出答案。”

巴菲特投资选择竞争优势具有长期可持续性的企业，主要是判断它的“经济特许权（economic franchise）”：产品或服务确有需要或需求；被顾客认定为找不到其他类似的替代品；不受价格上的管制。一家具有以上三个特点的公司，就具有对所提供的产品与服务进行主动提价的能力，从而能够赚取更高的资本报酬率。

巴菲特最喜欢做的，就是购买那些被贴上了“注定必然如此（The Inevitables）”的超级明星企业，在 25 年或 30 年后仍然能够保持其伟大地位的企业。当然，他会选择在这些明星企业因为某些问题处于较低的市价时购买。当然，首先是这种超级明星很难找，其次是很难等到他们有较低的市价，所以，巴菲特还会增加一些“可能性高的公司（Hihgly Probables）”，适当时机对这些企业进行投资。

（2）估值原则：现金为王。

他首先要对公司价值进行评估，确定自己准备买入的企业股票的价值是多少，然后跟股票市场价格进行比较。价值投资最基本的策略正是利用股市中价格与价值的背离，以低于股票内在价值相当大的折扣价格买入股票，在股价上涨后以相当于或高于价值的价格卖出，从而获取超额利润。

账面价值是一个会计概念，即由投入资本与留存收益所形成的财务投入的累积值。内在价值则是一个经济概念，是预期未来现金流量的贴现值。账面价值告诉你的是过去的历史投入，内在价值告诉你的则是未来的预计收入。

巴菲特认为唯一正确的内在价值评估模型是1942年John Burr Williams提出的现金流量贴现模型："今天任何股票、债券或公司的价值，取决于在资产的整个剩余使用寿命期间预期能够产生的、以适当的利率贴现的现金流入和流出。"

根据会计准则计算的现金流量，在评估企业"现金流量"存在着错误的计算方法，没有减去"年平均资本性支出"。巴菲特认为，评估企业"现金流量"在计算⑴报告收益，加上⑵非现金费用，还需要减去⑶企业为了维护其长期竞争地位和单位产量而用于厂房和设备的年平均资本性支出，虽然它比较难以统计。这就是他说的，我宁愿模糊的正确，也不要精确的错误。

（3）市场原则：理性投资。

对市场的看法，巴菲特非常推崇格雷厄姆的看法，这位他的老师，也正是最擅长把握市场来赢利的人。格雷厄姆认为"从短期来看，市场是一台投票机；但从长期来看，它是一台称重机"。他还提出了非常有趣的"市场先生的故事"：

"市场先生……不幸的是，这个可怜的家伙有感情脆弱的毛病。有些时候，他心情愉快，而且只看见对公司发展有利的因素。在这种心境下，他可能会报出非常高的买卖价格，因为他害怕你会盯上他的股份，抢劫他即将获得的利润。在另一些时候，他意气消沉，而且只看得见公司和整个世界前途渺茫。在这种时候，他会报出非常低的价格，因为他害怕你会将你的股份脱手给他。此外，市场先生还有一个讨人喜欢的特点，就是他从不介意无人理睬他的报价。如果今天他的报价不能引起你的兴趣，明天他再来一个新的报价。但是否交易完全按照你的选择。在这些情况下，他越狂躁或者越抑郁，你就越有利。”

导师格雷厄姆是这样看待市场波动的：内在价值是影响股票市场价格的两大类重要因素之一，另一个因素即投机因素。价值因素与投机因素的交互作用使股票市场价格围绕股票内在价值不停波动，价值因素只能部分地影响市场价格。所以，市场价格经常偏离内在价值，股市短期内会经常波动，但长期会向内在价值回归。

巴菲特认为“市场先生是你的仆人，不是你的向导”，投资者需要正确对待“自己的愚蠢”和“市场的愚蠢”：一是认识市场的愚蠢：尽可能避免市场的巨大的情绪性影响，减少和避免行为认知偏差，保持理性。二是认识自身的能力圈，避免在能力圈外进行愚蠢的投资决策。三是利用市场的愚蠢。要远比市场先生更加了解你的公司并能够正确评估公司价值，从而利用市场的短期无效性低价买入，利用市场长期内在价值回归来赚取巨大的利润。——在别人贪婪时恐惧，在别人恐惧时贪婪！

你的投资业绩将取决于你倾注于投资中的努力与智识，以及在你的投资生涯中股票市场所展现的愚蠢程度。市场的表现越是愚蠢，善于捕捉机会的投资者胜率就越大。

提醒：投资者经常出现的认知和行为错误如下，务必随时警醒！

- 过度自信；
- 过度反应和反应不足；
- 损失厌恶，不敢在需要面对失败时勇于放弃；
- 后悔厌恶，后悔时，容易采取不理性的行为，造成更大后悔；
- 处置效应，过早卖出盈利的股票，长时间不愿卖出亏损的股票；

- 心理账户，不珍惜自己的股票投资钱财；
- 锚定，只看着眼前而忽视长期的价格变化；
- 羊群行为，盲从大多数人的行为缺乏独立思考；
- 代表性偏差，不明白好公司的股票价格过高，就是“坏股票”，坏的股票价格过低也可能是“好股票”；
- 保守主义，在新事物面前接受速度过慢；
- 自归因，容易将成功归于自己，将失败归于其他因素；
- 显著性思维，把概率很小的事情高估他发生的可能性。

（4）买价原则：安全边际。

“……我们强调在我们的买入价格上留有安全边际。”在买入价格上强调安全边际原则，有两个原因：一是可以大大降低因预测失误引起的投资风险；二是在预测基本正确的情况下，可以获得更大的投资回报。

应用安全边际，必须要有足够耐心，耐心等待机会的来临，这种机会来自于公司出现暂时问题或市场暂时过度低迷导致优秀公司的股票被过度低估时。如果还没有等到这个机会，那可以将资金，暂时投资在其他安全回报的债券类金融产品上面。“安全边际”是对投资者自身能力的有限性、股票市场波动巨大的不确定性、公司发展的不确定性的一种预防和保险。有趣的是，根据安全边际原则进行的投资，风险越低，投资收益就越高。

进攻型投资者，最关键的是要全神贯注于那些正经历不太引人注意时期的大公司。巴菲特喜欢在一个好公司因受到怀疑、恐惧或误解干扰而使股价暂挫时进场投资。“巨大的投资机会来自于优秀的公司被不寻常的环境所困，这时会导致这些公司的股票被错误地低估。”

市场下跌反而是重大利好消息。无人对股票感兴趣之日，正是你应对股票感兴趣之时。在股市过度狂热中，只有极少的股票价格低于其内在价值。而在股市过度低迷时，可以购买的价格低于其内在价值的股票如此之多，以至于投资者因为财力有限而不能充分利用这一良机。

(5) 组合原则：集中投资。

不要把所有鸡蛋放在同一个篮子里，这句话是错误的，投资应该像马克·吐温建议的那样，“把所有鸡蛋放在同一个篮子里，然后小心看好它。”投资人真正需要具有的，是能够对所选择的企业正确评估的能力……显然，每一位投资者都会犯错误，但是通过将自己的投资范围限制在少数几个易于理解的公司中，一个聪明的、有知识的、勤奋的投资者，就能够以有效实用的精确程度判断投资风险。

多元化投资，是对无知的一种保护。集中投资的另一个好处是，当你选择的股票具备非常好的盈利空间时，你的投资越集中风险就越小，回报就越高。就像巴菲特的伙伴查理·芒格所说：“当成功概率很高时下大赌注。人们应该在即将发生的事情上下注，而不是在应该发生的事情上下注。”

(6) 持股原则：长期持有。

许多投资人在公司表现良好时急着想要卖出股票以兑现盈利，却紧紧抱着那些业绩令人失望的公司股票不放手，我们的做法与他们恰恰相反。彼得·林奇曾恰如其分地形容这种行为是“铲除鲜花却浇灌野草”。

巴菲特曾在年报中说：“我们长期持有的行为表明了我们的观点：股票市场的作用是一个重新配置资源的中心，资金通过这个中心从频繁交易的投资者流向耐心持有的长期投资者。”但巴菲特并不是将所有买入的股票都要长期持有，事实上他认为只有极少的股票值得长期持有。

如果你更多地了解沃伦·巴菲特的投资理念，可以阅读相关著作，如《新巴菲特学说》等。

2. 彼得·林奇

彼得·林奇出生于1944年，1968年毕业于宾州大学沃顿商学院，取得MBA学位；1969年进入富达管理公司研究公司成为研究员，1977年成为麦哲伦基金的基金经理人。在1977—1990年彼得·林奇担任麦哲伦基金经理人职务的13年间，该基金的管理资产由2 000万美元成长至140亿美元，基金投资人超过100万人，成为富达的旗舰基金，并且是当时全球资产管理金额最大的基金，其投资绩效也名列第一。

《时代》周刊称他为“第一理财家”，《幸福》杂志则赞誉他为“股票投资领域的最成功者……一位超级投资巨星”。

他在投资理念上有自己独到的见解，也许能给投资理财者一些启发。

（1）不要相信各种理论。多少世纪以前，人们听到公鸡叫后太阳升起，于是认为太阳之所以升起是由于公鸡打鸣。今天，鸡叫如故。但是每天为解释股市上涨的原因及华尔街产生影响的新论点，却总让人困惑不已。比如，某一会议赢得大酒杯奖啦，日本人不高兴啦，某种趋势线被阻断啦，“每当我听到此类理论。我总是想起那打鸣的公鸡”。

（2）不要相信专家意见。专家们不能预测到任何东西。虽然利率和股市之间确实存在着微妙的相互联系，我却不信谁能用金融规律来提前说明利率的变化方向。

（3）不要相信数学分析。“股票投资是一门艺术，而不是一门科学。”对于那些受到呆板的数量分析训练的人，处处都会遇到不利因素。如果可以通过数学分析来确定选择什么样的股票的话，还不如用电脑算命。选择股票的决策不是通过数学做出的，你在股市上需要的全部数学知识是你上小学四年级就学会了的。

（4）不要相信投资天赋。在股票选择方面，没有世袭的技巧。尽管许多人认为别人生来就是股票投资人，而把自己的失利归咎为悲剧性的天生缺陷。我的成长历程说明，事实并非如此。在我的摇篮上并没有吊着股票行情收录机，我长乳牙时也没有咬过股市交易记录单，这与人们所传贝利婴儿时期就会反弹足球的早慧截然相反。

（5）你的投资才能不是来源于华尔街的专家，你本身就具有这种才能。如果你运用你的才能，投资你所熟悉的公司或行业，你就能超过专家。

（6）每只股票后面都有一家公司，了解公司在干什么！你需了解你拥有的（股票）和你为什么拥有它。“这只股票一定要涨”的说法并不可信。

（7）拥有股票就像养孩子一样——不要养得太多而管不过来。业余选股者大约有时间跟踪8～12个公司，在有条件买卖股票时，同一时间的投资组合不要超过5个公司。

（8）当你读不懂某一公司的财务情况时，不要投资。股市的最大的亏损源于投资了在资产负债方面很糟糕的公司。先看资产负债表，搞清该公司是否有偿债能力，然后再投钱冒险。

（9）避开热门行业里的热门股票。被冷落，不再增长的行业里的好公司总会是大赢家。

（10）对于小公司，最好等到他们赢利后再投资。

（11）公司经营的成功往往几个月、甚至几年都和它的股票的成功不同步。从长远看，它们百分之百相关。这种不一致才是赚钱的关键，耐心和拥有成功的公司，终将得到厚报。

（12）如果你投资1 000美元于一只股票，你最多损失1 000美元，而且如果你有耐心的话，你还有等到赚一万美元的机会。一般人可以集中投资几个好的公司，基金管理人却不得不分散投资。股票的只数太多，你就会失去集中的优势，几只大赚的股票就足以使投资生涯有价值了。

（13）在全国的每一行业和地区，仔细观察的业余投资者都可以在职业投资者之前发现有增长前景的公司。

（14）股市下跌就像科罗拉多一月的暴风雪一样平常，如果你有准备，它并不能伤害你。下跌正是好机会，去捡那些慌忙逃离风暴的投资者丢下的廉价货。

（15）每人都有炒股赚钱的脑力，但不是每人都有这样的肚量。如果你动不动就闻风出逃，你不要碰股票，也不要买股票基金。

（16）事情是担心不完的。避开周末悲观，也不要理会股评人士大胆的最新预测。卖股票是因为该公司的基本面变坏，而不是因为天要塌下来。

（17）没有人能预测利率、经济或股市未来的走向，抛开这样的预测，注意观察你已投资的公司究竟在发生什么事。

(18) 你拥有优质公司的股份时，时间站在你的一边。你可以等待——即使你在前五年没买沃玛特，在下一个五年里，它仍然是很好的股票。当你买的是期权时，时间却站在了你的对面。

(19) 如果你有买股票的肚量，但却没有时间也不想做家庭作业，你就投资证券互助基金好了。当然，这也要分散投资。你应该买几只不同的基金，基金经理追求不同的投资风格：价值型、小型公司、大型公司等。投资六只相同风格的基金不叫分散投资。

(20) 资本利得税惩罚的是那些频繁换基金的人。当你投资的一只或几只基金表现良好时，不要随意抛弃它们，要抓住它们不放。

如果你更多地了解彼得·林奇的理财理念，可以阅读其著作，如《漫步华尔街》、《战胜华尔街》、《学以致富》等。

3. 富爸爸穷爸爸

对任何有兴趣提高自己的财商和改善财务状况的人来说，《穷爸爸富爸爸系列丛书》都是一个很好的教育工具。它可以帮助你早日实现财务上的自由，进而享受人生更多的自由。

下面摘取部分内容，供大家参考。

穷人和中产阶级为钱而工作，富人让钱为他们工作。

富人越来越富，穷人越来越穷，中产阶级总是在债务泥潭中挣扎。

大多数人认为太冒险的投资，实际并无多大风险，只是因为你缺乏某些财务知识而不知道究竟该怎样看待这些投资机会。

当你资金短缺时，去承受外在的压力而不要动用你的储蓄或投资，利用这种压力来激发你的财务天赋，想出新办法来得到更多的钱，然后再支付账单。

钱是一种力量，但更有力量的是有关理财的教育。钱来了又去，但如果你了解钱是如何运转的，你就有了驾驭它的力量，并开始积累财富。光想不干的原因是绝大部分人接受学校教育后却没有掌握钱真正的运转规律，所以他们终生都在为钱而工作。

我们总是有着恐惧或贪婪之心。从现在开始，对你们来说，重要的是运用这些感情为你们的长期利益谋利，别让你们的感情控制了思想。大多数人让他们的恐惧和贪婪之心来支配自己，这是无知的开始。因为害怕或贪婪，大多数人生活在挣工资、加薪、劳动保护之中，而不问这种感情支配思想的生活之路通向哪里。这就像一幅画：驴子在拼命拉车，因为车夫在它鼻子前面放了个胡萝卜。车夫知道该把车驶到哪里，而驴却只是在追逐一个幻觉。但第二天驴依旧会去拉车，因为又有胡萝卜放在了驴子的面前。

如果你想更多地了解“富爸爸”的投资理念，可以阅读相关著作，如《富爸爸穷爸爸》、《富爸爸财务自由之路》、《富爸爸投资指南》等。

四、小测试——了解你自己

【测试一】你的理财属于哪种类型？

一个良好的投资结构就像金字塔，先有宽厚的底部，即安全性高的投资，如零风险的储蓄，才能递次建构高耸的塔尖，如低风险的国债、中度风险股票、高风险的不动产投资。成功的投资组合必须包括不同风险层次的金融商品，也就是你必须是集储蓄型、投资型和投机型于一身的人。

专家建议你先完成下列测试，了解你属于哪种投资类型的人，再确定投资方向。

（1）你去买正在上映的某知名电影的电影票，你要买8时30分的票，小姐却告诉你票已经卖完了，只剩下午夜场的票。她还告诉你，8时45分在小厅有一个新电影上映，不过你没有听过那部新电影的名字，你会：

A. 购买新电影的票

B. 买午夜场的票

（2）你去专卖店买衣服，看中一款上衣，但你喜欢的颜色缺货。导购告诉你，在其他连锁店肯定有，不过现在是打折季节，不能为你特别保留。你会：

A. 马上赶到另一家连锁店

B. 买下手中的裙子

（3）你选购电脑，选好品牌后，店员告诉你，如果你买销售展示用的电脑可以打 8 折，全新的电脑是没有折扣的，你会：

A. 选择打 8 折的电脑

B. 选择全新的电脑

（4）你失业 1 年后终于获得两个工作机会。其中一个工作薪水比你以前的高许多，但必须承受非常大的压力，而且工作要求很高；另外一个工作的薪水一般，工作却相当轻松愉快，你会：

A. 选择高薪、压力大的工作

B. 选择低薪、压力小的工作

（5）你即将有 14 个小时的飞行旅行，而包里只放得下一本书。你想从两本书中做选择，其中一本书是你最喜欢的作者的书，但他最近出版的书却令你相当失望。另有一本畅销书，可除畅销之外你对它一无所知。你会：

A. 选择畅销书

B. 选择你喜欢的作者的新书

计分

每道题选 A 得分，选 B 不得分。

问题 1：1 分；

问题 2：1 分；

问题 3：5 分；

问题 4：10 分；

问题5：1分。

结论

最低分0分，最高分18分。11～18分为投机型；5～10分为投资型；0～4分为储蓄型。

指导

（1）储蓄型投资指导。存每一分钱，避开所有风险是你的首要目标。如果你即将在近期内动用手中的现金，就必须做一个储蓄型的人。你的投资领域只限于公债、国库券和储蓄。

（2）投资型投资指导。你愿意承担相当风险，以获取比储蓄更高的利润。一般而言，投资时间越长，越有机会获得较高的利润。你应该以中度风险的金融商品为主，如股票和债券。

（3）投机型投资指导。你愿意冒较大的风险，以求短期内获得预期的巨额利润。你应当尽快熟悉期货、黄金、不动产等高风险的商品，积极参与进去。

【测试二】战胜你的理财盲点

出国旅行，购物是一项很重要的行程。尤其是跳蚤市场，不但价格极有弹性，还可以挖到不少宝贝，回国后可能价位会翻好几倍，你对下列哪一项宝物最感兴趣？

A. 古董相机

B. 手工织毯

C. 古银首饰

D. 书画艺品

结论

选A，你对于钱财的运用没有什么观念，开源和节流两种工作，你宁可只做前者。认为花钱就是要让自己开心的你，自然不会愿意委屈自己。吃好的，住好的。用好的，每一件物品你都觉得花得很值得。所以你可以试着去投资，因为品位很不错，能够选到可以增值的物品，那么你的收藏癖好，就不再只是让你花大钱，还能有一点回收价值。

选B，你的情感丰富，耳根子软，对人毫无防备之心。你对于推销员的话会照单全收，所以每次出门总是令家人为你提心吊胆，生怕将所有家产都典当，还不够支付你信用卡账单。因为你是感性消费，支出数目有高有低，最好是先编列预算，控制自己的花费，才可能挽救你的赤字。

选C，你对于每一分钱都很重视，认为财富就是靠这样一点一滴积累起来的，当然不能小觑。虽然你从各方面都可以省下一些钱，为数也很可观，可是这样的速度还是嫌慢，而且趋于保守，没办法有效率管理钱财。如果有一笔暂时不需动用的存款，就试着去做一些投资，结果会让你满意的。

选D，你有一点不切实际，做什么都只为了完成梦想，一点儿都没有做现实的考虑。对于理财，你也觉得十分头痛，不知该怎么开始做起，也不愿卷入股票游戏中，终日对着数字荧幕发呆。所以你就这么拖着，虽然知道要留意相关消息，还是很被动。最好能够找个可信赖的人，帮你打点这一切，那是最理想的状况。

【测试三】女性理财观念测试

（1）你和朋友约好碰面，当你到了相约地点后，对方打电话来说会晚30分钟，你会怎么打发这30分钟呢？

A. 到书店站着看书或杂志——1分

B. 到百货公司闲逛——3分

C. 到咖啡店喝茶——2分

（2）你跟好友去外地旅游，进酒店后发现当天是他们的周年庆，准备了3种礼物，你会选择哪种呢？

A. 晚餐点心附赠蛋糕——3分

B. 下次住宿的9折优惠券——1分

C. 附近著名游乐场的免费入场券——2 分

（3）从下面 3 项中选出你最想住的房间。

A. 可以按自己喜好摆设家具，地方宽敞的套房——1 分

B. 房间没有特别的，有个小阳台——3 分

C. 四周房屋低矮，阳光充足的房间——2 分

（4）闲来无事的假日，你最想做哪件事打发时间？

A. 看电视或杂志——2 分

B. 打游戏或上网——1 分

C. 打电话找朋友聊天——3 分

（5）5 个朋友相约出游，每个人都要准备午餐，你想带哪种菜式赴约（不管哪种都要准备 5 人份哦）？

A. 日式饭团——3 分

B. 三明治——2 分

C. 煎蛋或油炸食品——1 分

（6）打错电话时，你的表现是怎么样的？

A. 自言自语一声“啊，打错了”或是一言不发，挂断电话——3 分

B. 马上跟对方说“对不起，我打错了”，然后挂断电话——2 分

C. 再次确认“请问电话号码是 × × × 吗？” “你不是 × × × 吗？”——1 分

（7）下列 3 样家务，不管你拿不拿手愿不愿意，哪种是你最讨厌的？

A. 做菜——3 分

B. 打扫——2 分

C. 熨衣服——1 分

（8）你正在坐地铁，车厢里有 3 个空位，你会选哪个坐下呢？

A. 年纪与你相仿的女生中间的那个——2 分

B. 可以看见帅哥的那个——3 分

C. 看起来很高雅的老夫妇旁边——1 分

（9）约会时，你受不了对方做出的哪种行为？

A. 在你说话时打哈欠——2 分

B. 乱瞄其他可爱女生——3 分

C. 接到朋友电话，讲个不停——1 分

（10）早上准备出门，发现钥匙不在平常的地方，你第一个想到的是哪里？

A. 包包里——2 分

B. 昨天穿过的衣服口袋里——1 分

C. 看看是不是掉地上了——3 分

（11）我总随身带着一张照片，一逮到机会就向人展示一番，会是哪一张呢？

A. 旅行时拍的照片，风景宜人，配上你灿烂的笑容——2 分

B. 跟男友甜死人不偿命的合影——3 分

C. 自己超可爱的 Baby 照——1 分

（12）走在路上突然下起雨来，但你必须去某地，没跟人约好，时间也不急，你会怎么办呢？

A. 买把伞走过去——2 分

B. 打车过去——3 分

C. 先找个地方躲雨，静观其变——1 分

评分（将以上 12 个问题测试答案汇总加分）

17 分或以下：A 型

18 – 24 分：B 型

25 – 31 分：C 型

32 分或以上：D 型

结论

A 型　意志坚定不为所动

你的理财观念非常扎实，平时就有存钱的好习惯，也很擅长省钱之道，就算收入微薄也能妥善管理，不会出现拮据状况。但你也常常发生犹豫不决，当用不用的情况，让你老有种爱捡便宜货的倾向，现在你该培养当用则用，大刀阔斧的勇气啦！

B型　当用则用当省则省

你的理财观念很普通，对于游玩，打扮，喜欢的东西，必要的开支你都花得起，同时也能适度地储蓄，对省钱也颇感兴趣，是四种类型中最稳定的。可你却不擅长处理收入骤减的状况，一旦发生这种情况，你就会手足无措。

C型　一旦有目标便意志坚定

你的理财观很马虎，你是不是常常疯狂Shopping呢？是不是根本无法掌握户头里的余额呢？不过你一旦设定目标，比如要去旅行或有大笔开销时，就会马上死命存钱，日常开支也缩到最小，和先前判若两人，多多培养没目标也能储蓄的好习惯吧！

D型　理财观念等于零

你的理财观念几乎为零，你凡事不分轻重缓急，常常任意挥霍，就算钱花光光了拼命刷卡，更别说储蓄喽。劝你还是未雨绸缪，学习一下勤俭的美德吧。根本没有理财观念的你，要慎重思考自己的最佳存钱法，不妨学学控管有方的朋友。

第三章

如何储蓄最生钱

储蓄是我们最为熟悉的理财工具，也是最为基础的理财方式，早已根深蒂固于中国人的思想观念之中。大多数居民目前仍然将储蓄作为理财的首选。

但是，在个人理财大行其道的今天，有些人认为把钱存在银行就是一种浪费，只有把钱拿出来投资才是正道。这就是矫枉过正，过去人们过度重视储蓄，现在又过度轻视储蓄。其实，合理的储蓄才是理财的第一步。

理财小格言

致富的秘密是存钱后再花剩下的钱，而不是存你花剩下的钱。

关于这一条，只要你一实践就能知道区别了。存后再花你通常能够存下钱。存你花剩下的，你通常一分钱都存不下。

一、储蓄的目的

储蓄是家庭金融资产的重要组成部分，是合理组织家庭经济生活的基本手段。一般而言，储蓄主要用于以下几个目标：

1. 风险保障

储蓄，可以应对紧急的事件或未曾预料的情况。一个人在遇到不时之需时，通过卖出股票、邮票、房产、国债等来套现都不如银行提款来得方便快捷。

2. 子女教育

对于子女的成长，每个家庭都应储备教育基金。从资金的性质上讲，其安全性要求较高，适合于银行存款。

3. 退休养老

一些快要退休或已经退休的人士风险承受能力相应降低，银行存款是比较稳妥的，若此时再追逐各种高风险的投资是不合时宜的。

4. 结婚嫁娶

年轻人以进取型居多，较热衷于炒楼炒股，但往往弄得办喜事时资金周转不灵。因此，一定的银行存款是必不可少的。

5. 积累资金

对于一些财富积累并不充分的人来说，如果要进行各项投资却缺少资金的话，也就无法投资，所以通过储蓄积累资金可以说是致富的第一步。

6. 保值盈利

虽然我国现在银行存款利率不高，但综合各项因素，储户依然能够在通货膨胀较低时获得实际利息收入。

二、储蓄也有风险

这里所说的储蓄风险，是指不能获得预期的储蓄利息收入，或由于通货膨胀而引起的储蓄本金的贬值的可能性。

1. 利息损失

预期的利息收益发生损失主要是由于以下两种原因所引起。

（1）存款提前支取。

根据目前的储蓄条例规定，定期存款若提前支取，利息只能按支取日挂牌的活期存款利率支付。这样，存款人若提前支取未到期的定期存款，就会损失一笔利息收入。存款额愈大，离到期日越近，提前支取存款所导致的利息损失亦越大。

（2）存款种类选错导致存款利息减少。

储户在选择存款种类时应根据自己的具体情况做出正确的抉择。如选择不当，也会引起不必要的损失。

例如，有许多储户为图方便，将大量资金存入活期存款账户或信用卡账户，但活期存款和信用卡账户的存款都是按活期存款利率计息，利率很低。而很多储户把钱存在活期存折或信用卡里，一存就是几个月、半年，甚至更长时间，其中利息损失，可见一斑。

再比如，过去有许多储户喜欢存定活两便储蓄，认为其既有活期储蓄随时可取的便利，又可享受定期储蓄的较高利息。但根据现行规定，定活两便储蓄利率按同档次的整存整取定期储蓄存款利率打六折，所以从多获利息角度考虑，宜尽量选整存整取定期储蓄。

2. 本金损失

一般来说，如不考虑通货膨胀因素，储蓄存款的本金是不会发生损失的。

如果某储户到期取款时，他所在地区的物价上涨率高于同期的存款利息率，在无保值贴补的情况下，其存款本金也会因存款的实际收益率（实际利率）为负数而发生损失。

表3－1　人民币存贷款基准利率表

项目	年利率%
一、城乡居民及单位存款	
(一) 活期	0.36
(二) 定期	
1. 整存整取	
三个月	1.71
半年	1.98
一年	2.25
二年	2.79
三年	3.33
五年	3.60
2. 零存整取、整存整取、存本取息	
一年	1.71
三年	1.98
五年	2.25
3. 定活两便	按一年以内定期整存整取同档次利率打6折
二、协定存款	1.17
三、通知存款	
一天	0.81
七天	1.35

三、合理储蓄

虽然几乎每个人都在储蓄，但真正做到合理储蓄的并不多。

一般而言，储蓄的理念有三种："收入－支出＝储蓄"、"收入－储蓄

=支出”和“收入－目的性储蓄=支出”。乍一看，这三者仿佛相差不多。确实，从数学的角度来看，这三个等式基本一致。但从理财的角度看，三者有天壤之别。

由于一个普通人的每月收入基本上都是确定的，那么可以变化的也就是支出和储蓄，所以如何安排支出和储蓄就体现了理念的差别。

1. “收入－支出=储蓄”

绝大多数人都是“收入－支出=储蓄”，每个月支出优先，如果有结余就存入银行。但是，在收入基本固定的前提下，储蓄的合理与否就完全依赖于支出的合理性，而支出往往缺乏理性，所以这种方式很不合理。曾经盛行的“月光一族”就是这种理念的坚定拥护者，他们的支出是否合理非常值得商榷。

2. “收入－储蓄=支出”

还有些人则是“收入－储蓄=支出”，每个月首先确定储蓄金额，然后按照剩余数额来安排支出。相比“收入－支出=储蓄”，这些人已经有了很大的进步，但如果储蓄缺乏目的性，只是为储蓄而储蓄，则仍不算合理。

中国人往往把储蓄当成一种美德，以存款多为荣耀。但是，过度存款不但要承担贬值的风险，还会错过很多潜在的获利机会，并不是明智

理财小方法

增收储蓄法

在日常生活中，如遇上增薪、获奖、稿酬、亲友馈赠和其他临时性收入时，可权当没有这些收入，将这些增收的钱及时存进银行。

折旧存储法

为了家用电器等耐用消费品的更新换代，可为这些物品存一笔折旧费。在银行设立一个“定期一本通”存款账户，当家庭需添置价值较高的耐用品时，可以根据物品的大致使用年限，将费用平摊到每个月。这样，当这些物品需要更换时，账户内的折旧基金便能派上用场。

的选择。

3. “收入 - 目的性储蓄 = 支出”

比较合理的储蓄理念是“收入 - 目的性储蓄 = 支出”。所谓目的性储蓄，是指根据理财目标和家庭经济收入的实际情况，通过精确的计算，得出为达成目标每月所需的准确金额，然后每月都按此金额进行储蓄。

比如，你月收入为 30 000 元，准备两年后买房，房价估计为 60 万。现在已有存款 15 万元，但其中 5 万元为应急储备，10 万元为结婚准备的相关费用，均不能作为购房储蓄。另外，你投资股市 15 万元，当前市值为 25 万元，所以计划抛售价值 15 万元的股票作为购房启动金，仅留有利润在股市。因此，在未来的两年内，你要储蓄（60 万 - 15 万）= 45 万元，每月需要储蓄 45 万 ÷（12 个月 ×2）= 1.875 万元。这个 18 750 元就是目的性储蓄。

四、各种储蓄方式

1. 活期储蓄存款

活期储蓄，由储蓄机构发给存折或借记卡，凭折或借记卡存取，开户后可以随时存取。这种方式最为方便，只要手中有零钱，就可以及时存入银行。

活期储蓄存款是商业银行的一项重要资金来源。因此，这也是商业银行经营的重点。

存款利息的计算公式为：

存款利息 = 本金 × 利息率 × 存款期限

2. 整存整取定期储蓄存款

一般 50 元起存，存款分三个月、半年、一年、二年、三年、五年和八年。本金一次存入，由储蓄机构发给存单，到期凭存单支取本息。这种储蓄最适合手中有一笔钱准备用来实现购物计划或是长远安排。要注意安排好存款的长短期限，避免因计划不当提前支取而造成的利息损失，因为提前支取，银行按活期存款利率付息。

整存整取的特点是利率较高、流动性差。

3. 零存整取定期储蓄存款

一般 5 元起存，存期分一年、三年、五年，存款金额每月由储户自定固定存额，每月存入一次，中途如有漏存，应在次月补存，未补存者，到期支取时按实存金额和实际存期计算利息。这种方式对每月一定固定收入的人来说，无疑是一种最好的积累财富的方法。

4. 存本取息定期储蓄存款

一般 5 000 元起存。存款分一年、三年、五年，到期一次支取本金，利息凭存单分期支取，可以一个月或几个月取息一次。如到期取息日未取息，以后可随时取息。如果储户需要提前支取本金，则不按定期存款提前支取的规定计算存期内利息，并扣回多支付的利息。

5. 整存零取定期储蓄存款

一般 1 000 元起存，本金一次存入，存期分一年、三年、五年。支取期分为一个月、三个月、半年一次，利息于期满结清时支取。

零存整取、存本取息和整存零取，这三种储蓄品种的利率低于整存整取定期存款，但高于活期储蓄，可使储户获得稍高的存款利息收入。

为了最大限度地发挥这些储种的作用，也衍生出了一些新型的储蓄方法，如组合存储法。组合存储法是一种存本取息与零存整取相结合的储蓄方法。比如，你现在有 5 万元，可先存入存本取息储蓄户，一个月后，取出第一个月利息，再开一个零存整取储蓄户，然后将每个月利息收入零存整取账户。这样，不仅可以得到存本取息的利息，而且其利息在存入零存整取账户后又获得了利息。

6. 定活两便储蓄存款

一般50元起存，由储蓄机构发给存单，存单分记名、不记名两种，记名式可挂失，不记名式不挂失。存期一般有四个档次：一是不满三个月，二是三个月以上不满半年，三是半年以上不满一年，四是一年以上。各个存款的利息均不同。它兼有定期和活期储蓄之长，既有活期的方便、灵活，又有定期的利率。一般为定额存单式，存单的面额一般有20元，50元，100元和500元等几种，储户存储时，银行按其存款金额开给相应面额的存单。

7. 通知存款

通知存款是一种不约定存期、支取时需提前通知银行、约定支取日期和金额方能支取的存款。

个人通知存款不论实际存期多长，按存款人提前通知的期限长短划分为一天通知存款和七天通知存款两个品种。一天通知存款必须提前一天通知约定支取存款，七天通知存款则必须提前七天通知约定支取存款。

人民币通知存款最低起存、最低支取和最低留存金额均为5万元，外币最低起存金额为1 000美元等值外币。

个人通知存款适合手头有大笔资金准备用于近期（3个月以内）开支，不适合进行其他定期储蓄的资金。它可获取比活期储蓄更高的收益，又比其他定期储蓄方式具有更高的资金流动性。

需要注意的是，如果你购买的是7天通知存款，在向银行发出支取通知后，未满7天即前往支取，则支取金额的利息按照活期存款利率计算。此外，办理通知手续后逾期支取的，支取部分也要按活期存款利率计息；支取金额不足或超过约定金额的，不足或超过部分按活期存款利率计息；支取金额不足最低支取金额的，按活期存款利率计息；办理通知手续而不支取或在通知期限内取消通知的，通知期限内不计息。

也就是说，个人通知存款的关键是存款的支取时间、方式和金额都要与事先的约定一致，才能保证预期利息不会遭到损失。

8. 教育储蓄

教育储蓄要求零存整取，即每月存入相应金额，直至存满2万元，但为了储户存款方便，银行允许2万元分两次存入，即每次存入1万元。教育储蓄享受整存整取的利率，存款期限分一年、三年、六年，年利率分别为2.25%、3.34%、3.6%。银行人士强调，教育储蓄享受整存整取的利率，计算方法则是按照零存整取计算的。

那么，储户怎样存比较划算呢？银行人士介绍，在同一存期内，每月约定存款额度越小，续存次数就越多，计息的本金就越少，计息基数就越低，所得利息与免税优惠就越少；反之，计息金额越多，计息基数越高，所得利息与免税优惠就越多。银行人士说，银行计算零存整取有两种方法，按月基数和日基数，如选择存三年期，每月存入555元，存36个月，银行按月基数计算，若是分两次各存入1万元，则按日基数计算，日基数计算利息额比月基数高，免税差额也大。6年期教育储蓄，按5年期的整存整取利率计算。家庭可根据自身收入除去生活开支后，积余多少定存期，一般以选择三年期、六年期为好，存期长利率相对较高，如果准备在孩子上高中时用，则可在孩子读小学四年级时就开始存教育储蓄。教育储蓄适合并不富裕但有一定积余的家庭。

9. 华侨（人民币）定期储蓄

华侨、港澳台同胞由国外或港澳地区汇入或携入的外币、外汇（包括黄金、白银）售给中国人民银行和在各专业银行兑换所得人民币存储本金存款。该存款为定期整存整取一种。存期分为一年、三年、五年。存款利息按规定的优惠利率计算。该种储蓄支取时只能支取人民币，不能支取外币，不能汇往港澳台地区或国外。存款到期后可以办理转期手续，支付的利息亦可加入本金一并存储。

五、储蓄理财技巧多

1. 整存整取有讲究

为了应对整存整取流动性差的缺陷，衍生出很多储蓄方法。

（1）滚动存储法。

每月将积余的钱存入一张 1 年期整存整取定期储蓄，存储的数额可根据家庭的经济收入而定，存满 1 年为一个周期。1 年后第一张存单到期，可取出储蓄本息，凑个整数，进行下一轮的周期储蓄。如此循环往复，手头始终是 12 张存单，每月都可有一定数额的资金收益，储蓄数额滚动增加，家庭积蓄也随之丰裕。滚动储蓄可选择 1 年期的，也可选择 3 年期或 5 年期的定期储蓄。这种储蓄方法较为灵活，每月存储额可视家庭经济收入而定，无需固定。一旦急需钱用，只要支取到期或近期所存的储蓄就可以了，可以减少利息损失。

（2）四分存储法。

又叫“金字塔”法，如果你持有 1 万元，可以分别存成 4 张定期存单，存单的金额呈金字塔状，以适应急需时不同的数额。可以将 1 万元分别存成 1 000 元、2 000 元、3 000 元、4 000 元 4 张 1 年期定期存单。这样可以在急需用钱时，根据实际需用金额兑现相应额度的存单，可避免需取小数额却不得不动用大存单的弊端，以减少不必要的利息损失。

（3）阶梯存储法。

假如你持有 3 万元，可分别用 1 万元开设 1 至 3 年期的定期储蓄存单各 1 份。1 年后，你可用到期的 1 万元再开设 1 张 3 年期的存单，以此类推，3 年后你持有的存单则全部为 3 年期的，只是到期的年限不同，依次相差 1 年。这种储蓄方式可使年度储蓄到期额保持等量平衡，既能应对储蓄利率的调整，又可获取 3 年期存款的较高利息。这是一种中长期投资，适宜于工薪家庭为子女积累教育基金与婚嫁资金等。

2. 整存整取胜过零存整取

很多的上班族可能都存过零存整取，过去发了工资后头件事就是到银行办理零存整取。其实，这种理财方法已经落伍了，它与多张整存整取存单的存储法（即按零存整取的方式每月到银行开立一张定期存单）相比，已经不占优势。

首先，零存整取的收益低于多单整存。

当加息之后，整存整取一年期的利率也跟着上调，而一年期零存整取的年利率没有调整，多张整存整取存单的存储方式虽然与零存整取相同，但从日均存款的收益来看，同样的存款天数和金额，多单整存比零存整取的利息收益率高。

其次，提前支取，零存整取的损失大于多单整存。

提前支取零存整取存款，只能按活期计息。而每月存一张定期存单，需要支取时可以选择已经到期或存入时间不长的存单办理提前支取，这样造成的利息损失会比一次性支取零存整取小得多。

再次，操作上，零存整取不如多单整存简易。

按规定，零存整取必须每月都要去银行续存，如果连续两次不按时存储，此后续存的款项就会按活期计息。而多单整存则可以不受漏存的限制。

最后，零存整取存款额度不如多单整存灵活。

零存整取每月存入的额度是固定的，不能中途更改，适合过去拿固定工资的时代。但如今的工资多实行绩效挂钩，月发工资时多时少，同时还有季度奖、半年奖、股票分红以及个人兼职等可变收入，这种情况如果仍然按月存储固定额度，会影响理财的收益。

3. 巧用通知存款每晚赚高息

许多投资者感叹没有时间炒股票，没有耐心捂基金，没有实力投黄金，生财之道真是越来越窄。为此，权威理财专家表示，赚大钱必定要先从小财理起。

投资者不妨从银行卡本身出发，打打闲置资金的主意，巧用通知存款，每晚赚足2倍利息。这招理财秘籍特别适合多数资金都在股市里的市民选择，有效利用每个晚上，“三枪”就可赚进高利息。

第一枪：瞄牢网上银行。

开通第三方存管的时候，同时开通网上银行功能，便于资金账户内的余额和银行卡之间划转。在划账时，记住时间限制点。一般证券公司第三方存管业务资金划转时间为每天9:30—15:00之间，因此，若要成功赚取高息，必须在有效时间内先把资金从资金账户转到银行卡中。

第二枪：瞄准通知存款业务。

每天15时前，将闲置资金划转到银行卡，选择通知存款业务。以农行95599网上银行为例，在对外转账选项中选择通知存款，有1天通知存款和7天通知存款可供选择。理财专家建议，对于平常少于7天即要使用的资金，选择1天通知存款，对于长假中或短期内不固定期限闲置的资金选择7天通知存款。最“精明”的使用方式是，每天15时前把资金账户内超过5万元的资金划转到银行卡中，建立1天通知存款，第二天早上9时以后再取出通知存款，划转到资金账户中，继续买卖股票。一觉睡醒，年利率就从0.36%上升为0.81%，轻轻松松赚上两倍利息。不过，值得提醒的是，通知存款的起存金额为5万元。

第三枪：掌握操作秘籍。

对于初次使用通知存款的操作者，一般会忽视两个问题：第一，忘记建立通知。选择好银行卡和资金，操作通知存款后，切记勿忘建立通知。以1天通知存款为例，如果1月15日选择操作1天通知存款，而资金要到2月18日才使用，那么可以在17日建立通知，18日取出，这样就可以享受3天通知存款0.81%的高年化利率。而如果2月15日开通通知存款，16日就需使用，那么15日在开通时就建立通知即可。第二，逾期支取。

若约定好 16 日支取，而延迟到以后再支取，那此笔通知存款将以活期计算利息。

4. 活期存款不宜存太多

活期存款的优点是可以随时存取，灵活度很大，但利率非常低，目前年利率只有 0.36%，以 5 万元为例，存为活期，一年只有 144 元利息；而如果存定期一年，则可获得 688 元利息。因此账户中活期存款不宜太多，留足日常生活所需的金额即可，你可以自己到银行将暂不动用的钱存为定期，也可利用一些银行卡的智能理财功能，只要一超过约定的金额，其余就自动转存为定期。

5. 定期存款不要选择太长

建议选择短期定期存款，第一，因为利率会有调整，一旦利率上升，长期存款就无法享受较高的利率而受到损失；第二，存款期限长，中间出现较好投资机会没钱投资。从银行统计的数据看，多数客户也是选择了短期定期存款，暂时把钱放在银行以等待更好的投资机会。

6. 定期存款提前支取有讲究

如果你迫不得已要把定期存款提前支取出来，也可以运用一些技巧使利息损失减少到最低程度。

（1）办理部分提前支取。

银行规定，定期存款的提前支取可分为部分和全额支取两种。储户可根据自己的实际需要，办理部分提前支取，剩下的存款仍可按原有存单存款日、原利率、原到期日计算利息。

（2）办理存单抵押贷款。

储户需全额提前支取 1 年期以上的定期储蓄存单，而支取日至原存单到期日已过半，在这种情况下，就可以用原存单作抵押申请办理小额抵押贷款手续，这样可减少利息损失。

第四章

明明白白买基金

一、什么是基金

假设您有一笔钱想投资债券、股票等这类证券进行增值，但自己又一无精力二无专业知识，但是你钱也不算多，就想到与其他 10 个人合伙出资，雇一个投资高手，操作大家合出的资产进行投资增值。但这里面，如果 10 多个投资人都与投资高手随时交涉，那事还不乱套，于是就推举其中一个最懂行的牵头办这事。投资者定期从大伙合出的资产中按一定比例提成给他，由他代为付给高手劳务费报酬，当然，他自己牵头出力张罗大大小小的事，包括挨家跑腿，有关风险的事向高手随时提醒着点，定期向大伙公布投资盈亏情况等等，不可白忙，提成中的钱也有他的劳务费。这些事就叫做合伙投资。

将这种合伙投资的模式放大 100 倍、1 000 倍，就是基金。这种民间私下合伙投资的活动如果在出资人间建立了完备的契约合同，就是私募基金（在我国还未得到国家金融行业监管有关法规的认可）。

如果这种合伙投资的活动经过国家证券行业管理部门（中国证券监督管理委员会）的审批，允许这项活动的牵头操作人向社会公开募集吸收投资者加入合伙出资，这就是发行公募基金，也就是大家现在常见的基金。

基金是一种间接的证券投资方式。基金管理公司通过发行基金单位，集中投资者的资金，由基金托管人（即具有资格的银行）托管，由基金管理人管理和运用资金，从事股票、债券等金融工具投资，然后共担投资风险、分享收益。

基金管理公司是什么角色？基金管理公司就是这种合伙投资的牵头操作人，不过它是个公司法人，资格要经过中国证监会审批的。基金公司与其他基金投资者一样也是合伙出资人之一，另一方面由于它牵头操作，要从大家合伙出的资产中按一定的比例每年提取劳务费（称基金管理费），替投资者代雇管理负责操盘的投资高手（就是基金经理），还有帮高手收集信息搞研究打下手的人，定期公布基金的资产和收益情况。当然基金公司这些活动是证监会批准的。

为了大家合伙出的资产的安全，不被基金公司这个牵头操作人偷着挪用，中国证监会规定，基金的资产不能放在基金公司手里，基金公司和基金经理只管交易操作，不能碰钱，记账管钱的事要找一个擅长此事又信用高的人负责，这个角色当然非银行莫属。于是这些出资（就是基金资产）就放在银行，而建成一个专门账户，由银行管账记账，称为基金托管。当然银行的劳务费（称基金托管费）也得从大家合伙的资产中按比例抽一点按年支付。所以，基金资产相对来说只有因那些高手操作不慎而被亏损的风险，基本没有被偷挪走的风险。从法律角度说，即使基金管理公司倒闭甚至托管银行出事了，向它们追债的人都无权碰基金专户的资产，因此基金资产的安全是很有保障的。

每个基金规定每年分红次数在招募基金时候有说明，没有固定的分红或拆分规定。

分红是基金公司必须要卖掉一些股票，来给基金持有人分红，这样就可能会把手中涨得正好的股票卖掉，会影响资金的运作。

拆分是把原来净值高的变成净值为1元，这样对基金公司来说不需要卖出股票来取得现金，对持有人来说相当于原来的1份变成了很多份。

经常分红的基金有些人会喜欢，因为落袋为安嘛，但是对基金公司来说操作难度加大，盈利水平受到影响。

根据有关制度安排，基金的封闭期最长为3个月，但是可以提前。

二、基金投资的种类

根据不同标准，可以将证券投资基金划分为不同的种类。

1. 根据基金的募集方式划分

根据基金的募集方式划分，分为公募基金和私募基金。

（1）公募基金。

公募基金是受我国政府主管部门监管的，向不特定投资者公开发行受益凭证的证券投资基金。例如，目前国内证券市场上的封闭式基金属于公募基金。公募基金已经通过证监会审核，可以在银行网点、证券公司网点以及各种基金营销机构进行销售，可以大做广告，并且在各种交易行情中可以看到相关信息。

公募基金的发行特征包括：以众多投资者为发行对象；筹集潜力大；投资者范围大（不特定对象的投资者）；可申请在交易所上市（如封闭式）；信息披露公开透明。

（2）私募基金。

“私募基金”是颇具中国特色的一个词语。私募基金，是相对于公募基金而言的，曾被称为“地下基金”，是指通过非公开方式、面向少数机构投资者募集资金而设立的基金。它的销售和赎回，都是基金管理人通过私下与投资者协商进行的，所以也可以称为向特定对象募集的基金。

2. 根据基金是否可以自由申购、赎回来划分

以基金是否可以自由申购、赎回为标志，证券投资基金可分为开放式基金和封闭式基金。

（1）封闭式基金。

如果基金在宣告成立后，仍然欢迎其他投资者随时出资入伙，同时也允许大家随时部分或全部地撤出自己的资金和应得的收益，这就是开放式基金。

（2）开放式基金。

如果基金在规定的一段时间内募集投资者结束后宣告成立（国家规定至少要达到1 000个投资人和2亿元规模才能成立），就停止不再吸收其他的投资者了，并约定大伙谁也不能中途撤资退出，但以后到某年某月为止我们大家就算账散伙分包袱，中途你想变现，只能自己找其他人卖出去，这就是封闭式基金。

3. 按照投资对象的不同来划分

按照投资对象的不同，基金可以分为股票基金、债券基金、货币市场基金、期货基金、期权基金、认股权证基金、基金中的基金和混合基金等。其中，股票基金、债券基金、货币市场基金、混合基金四类最为常见，下面将简单介绍各种基金。

（1）股票基金。

顾名思义，股票基金就是主要投资于股票市场的基金，通俗地讲就是帮你买卖股票的基金。这是一个相对的概念，并不是要求基金所有的钱都买股票，即使行情很好的时候，股票基金为了控制风险，往往也要买一些债券或持有一定的现金。这和你自己炒股票时一样，不会把所有的钱都投入股市，留有一定的机动资金可以让你处于比较有利的地位。另外，我国有关法规规定，不少于基金资产20%的资金必须投资国债。判断一只基

金是不是股票基金，往往要根据基金契约中规定的投资目标、投资范围去判断。目前，国内所有在交易所上市交易的封闭式基金及大部分的开放式基金都是股票基金。

一般说来，股票基金的预期收益较高，基金净值的波动度也比较大。也就是说，当股市上涨时，你的投资会有很好的回报；而股市下跌时，资产也会随之缩水。股票基金的稳定性不如债券基金，当然也不像对冲基金那样具有高风险。即使同样的股票基金，由于投资目标和投资风格的不同，其收益和风险也有所不同。

你了解了股票基金后，如何在众多的股票基金中选择适合自己的基金呢？

首先，你要对自己做一个恰当的评估，也就是了解自己是怎样的一种人，是一个不愿承担风险的人呢，还是愿意承担一定的风险呢？其实，一个人对风险的承受能力和自己的年龄、收入水平、受教育程度等密切相关。假如一个人收入比较多，而且未来的预期收入也比较多的时候，倾向于冒一定的潜在风险去获得较高的预期收益；而假如你即将退休或已经退休，未来的收入比较有限，那么你可能就很保守，而不愿意有太多的风险。

明确了自己的风险承受能力之后，接下来就要“研究”各种股票基金的风格了。因为股票基金的风格多样化，有潜在风险和预期收益都较高的成长型股票基金、有潜在风险和预期收益都较低的价值型股票基金，也有介于两者之间的平衡型基金。因此，你要对股票基金的风格有所了解，这一步也很关键。

一般来讲，你首先要阅读基金的招募说明书，从它的基金契约中获得关于风格的信息，比如它准备投资于什么样的股票；另外你可以从每个季度基金公布的投资组合中去获取基金风格的信息，这样做是很有必要的，因为这反映了基金的实际运作情况，对你的判断也是很有帮助的；最后，如果你具备一些投资方面的知识，你还可以从基金净值走势进一步判断，看它历史的收益和波动情况，一般波动小就说明风险小，反之亦然。在对自己的风险承受能力和基金的风格了解清楚之后，你就可以选择投资了，假如你是一个对风险承受能力较强的人，你可以考虑成长型股票基金；假如你是一个对风险很厌恶的人，可以选择价值型股票基金或其他种类的基金。

最后，请注意即使风格相近的股票基金，表现也可能会有较大差异，这多半是由基金管理者的水平差异引起的。所以，选择一家有良好记录的基金公司也是很关键的。

（2）债券基金。

债券基金是指投资于国债、企业债等债券的基金。假如基金资产全部投资于债券、可以称其为纯债券基金，例如华夏债券基金，除留有一定现金外，其他基金资产都投资债券；假如大部分基金资产投资于债券，少部分可以投资于股票，可以称其为债券型基金。例如南方宝元债券型基金，其大部分资产将投资于债券、少部分投资于股票，当股市不好时，可以不持有股票。从理论上讲，债券型基金比纯债券基金潜在收益和风险要高一点。

债券基金投资的债券是指在银行间市场或交易所市场上市的国债、金融债、企业债（包括可转换债券），债券基金就是在这些债券品种中进行债券组合，以期给投资者带来最大的收益。

债券基金的收益来自基金投资债券的利息收入和买卖债券获得的差价收入。从债券基金的利润来源看，它是一个收益相对稳定的品种。首先，利息收入是稳定的，因为债券是一种固定收益类证券，它的利息一般是固定的（当然也有利息可变的浮动利息债）。对于企业债而言，不管企业经营得好坏，都是要按规定支付利息的，比起股票红利则要稳定得多。至于买卖债券获得的差价收入虽然存在一定的不确定性，主要是债券价格会随市场利率的变化而变化，从短期而言，市场利率变化的幅度一般比较小（或已经被预期了），因此，这种不确定性也不会很高。一般说来，债券基金比其他类型的基金，诸如股票基金、对冲基金等，潜在收益相对比较稳定，潜在风险比较小。

投资债券基金的风险主要是利率的风险，这是因为债券基金主要投资于债券，而债券价格受利率影响很大，尤其是固定利率的债券，当市场利率上升时，债券的价格就会下降；当市场利率下降时，债券的价格就会上升。另外，由于债券的期限结构不同，表现出来的风险也个一样。一般短期债券或浮动利息债，它的利率风险比长期债要小，但潜在的收益可能也小些，因为一般长期债的票面利率比短期债的票面利率低。债券基金可以投资不同期限的债券，因此，可以最大限度地回避利率风险，同时寻求较高的收益。

那么如何选择债券基金呢？在介绍什么是债券基金的时候我们提到，目前我国债券基金有纯债券和债券型两种。如何选择关键要看你自己对于风险和收益的看法。债券型基金中还有一部分可以投资于股票，那么当股票市场上升的时候，可能会获得较高的收益；而债券是固定收益的证券，假如市场利率没有大的下调的话，它的上升幅度是有限的。因此，理论上债券型基金的潜在收益要比纯债券高，相应的，债券型基金比纯债券基金的潜在风险要大些，假如，你对风险不是很厌恶而又想获得较高的收益，可以选择债券型基金；如果你对风险很厌恶，可以考虑纯债券基金，但正如前面所提示的，纯债券基金也不是没有丝毫的风险。

随着我国债券基金的发展，会有更多的债券基金推出，选择债券基金的时候，还必须考虑基金管理人的管理水平、以往的业绩等因素。

（3）货币基金。

在基金业发展成熟的国家，货币市场基金是与股票基金和债券基金鼎足而立的基金品种，它是指投资于那些既安全又具有很高流动性的货币市场工具的基金。货币市场基金投资对象的期限一般少于 1 年，主要包括短期国库券、政府公债、大额可转让定期存单、商业本票、银行承兑汇票等等。由于投资对象集中于短期的货币市场工具，货币市场基金具有流通性好、低风险与收益较低的特性。

（4）混合基金。

投资于股票、债券和货币市场工具，并且股票投资和债券投资的比例不符合股票基金和债券基金规定的，为混合基金。根据股票、债券投资比例以及投资策略的不同，混合型基金又可以分为偏股性基金、偏债型基金、配置型基金等多种类型。

4. 根据基金的风险收益特征划分

根据基金的风险收益特征划分，基金可分为成长型、平衡型和收入型。

（1）成长型基金。

成长型基金的投资目标是长期资本增值。一些成长型基金投资范围很广，包括很多行业；一些成长型基金投资范围相对集中，比如集中投资于某一类行业的股票或价值被认为低估的股票。成长型基金价格波动一般要比保守的收益型基金或货币市场基金要大，但收益一般也要高。一些成长型基金也衍生出新的类型，例如基金成长型基金，其主要目标是争取资金的快速增长，有时甚至是短期内的最大增值，一般投资于新兴产业公司等。这类基金往往有很强的投机性，因此波动也比较大。

（2）平衡型基金。

平衡型基金是既追求长期资本增值，又追求当期收入的基金，这类基金主要投资于债券、优先股和部分普通股，这些有价证券在投资组合中有比较稳定的组合比例，一般是把资产总额的25%至50%用于优先股和债券，其余的用于普通股投资。其风险和收益状况介于成长型基金和收入型基金之间。平衡型基金由于风险和收益比较中性，受到很多投资者的青睐，在美国就有近四分之一的开放式基金采用平衡型基金的形式。

（3）收入型基金。

收入型基金是以追求基金当期收入为投资目标的基金，其投资对象主要是那些绩优股、债券、可转让大额存单等收入比较稳定的有价证券。收入型基金一般把所得的利息、红利都分配给投资者。这类基金虽然成长性较弱，但风险相应也较低，适合保守的投资者和退休人员。

三、什么人士适合投资基金

如果您属于以下几种情况，您可以考虑将您资产的一部分投资于基金：

（1）希望获得比存款更高收益的人士。

（2）没时间理财的职业人士。

（3）缺乏投资专业知识的人士或不愿承担股市高风险的人士。

（4）正在考虑为子女准备教育资金或为将来退休生活准备资金的人士。

（5）其他有需求的人士。

总之，如果您有适当的资金，为实现资金的增值或是准备应付将来的支出，您都可以投资于基金，委托基金管理公司的专家为您理财，既可分享证券市场带来的收益机会，又能避免过高的风险和直接投资带来的烦恼，达到轻松投资、事半功倍的效果。

但是，基金只适合作为一种中长线的投资，期望获得较银行利息为高的收益来抵消通货膨胀或物价指数上涨的幅度，并给资金一种生活上的安全感。而且，基金作为投资工具，暂时来讲流动性较差，不像股票那样在交易日内隔天就可以拿到现金，更不像银行存款那样随时可以取用，所以应选择将中长期闲置的资金投资基金。

四、基金投资方法多

人们在长期的基金投资实践中，总结出了许多很有实际操作意义的投资方法。这里给大家介绍其中最重要、最常用的几种。

1. 固定比率投资法

固定比率投资法也称公式投资法，为投资基金的一种策略。

其特点是将资金按固定的比率投资于各种不同类型的基金上，如风险较高收益也较高的股票基金，或是风险稍次而收益尚可的债券基金，或者是货币市场基金等其他基金。当由于某类基金净资产值变动而使投资比例发生变化时，可以通过卖出或买入这类基金的持份，使投资比例恢复到原有的状态。例如：投资者按 50%、35% 和 15% 的比率将资金分别投资在股票基金、债券基金和货币基金上，若股票行情大幅度上升时，投资在股票基金的比率升到 70%．此时，投资者把增加的股票基金部分卖掉，再买入其他类型的基金，使投资比率仍然恢复到原有的 50%、35% 和 15%。

这种投资方法的优点是能经常保持低成本状态，使投资者保住已经赚来的钱，并具有一定抵御风险的能力。但投资者使用这一方法必须注意以下几点：第一是该投资法不适用于行情持续上升或持续下跌的情况；第二是投资于股票基金和债券基金的比例为一半对一半较为适宜；第三是为了避免在价格最高时买入的风险，选定何时买入的时机非常重要；第四是投资者最好是确定一个适宜的买卖时间表。

2. 平均成本投资法

平均成本投资法是投资者最常使用的一种投资策略。

这里的平均成本是指每次认购基金单位的平均价格。具体的方法是由投资者每隔一固定的时期（一个月、一个季度或半年）便以一固定的金额投资于某个基金。采用这种投资策略，投资者可以不必过多地去注意基金市场价格的波动状况，基金的单位价格是经常波动的，所以每次以相同的金额所能购买的基金份额也是不一样的。在行情较低时，同样的金额可以购买到较多的基金份额；行情升高后，同样的金额只可以购买到较少的基金份额。但是长期平均下来，投资者投资所购买到的基金份额会比一次花上一大笔资金所购入的基金份额要多，而且平均每个基金份额的价格也较低。投资者采用了平均成本投资法，实际上就是把基金单位价格变动对购买基金份额多少的影响抵消掉，这在一定的时期内分散了投资，降低了以高成本认购基金的风险。长此下去，即可以用较低的平均成本取得相同的收益，或以相同的成本购得更多的基金份额。

平均成本投资法虽然具有以上优点．但投资者在采用的时候，应该具备下列两个条件：第一是投资者必须做长期投资的打算．且必须持之以恒地不断投资，时间越短，平均成本投资法的好处越不易发挥出来；第二是投资者必须拥有相当数量的闲置资金可用于经常而固定的投资。平均成本投资法不仅可以用于投资某一个共同基金，也可以用来建立投资组合或将投资资金从某一种投资转到另一种投资中。例如：投资者准备把投资在成长型基金内的资金转投入于收入型基金，在这种投资转移中，比较安全的方法是分次转移投资．可以将可能的损失减小到最低限度。

3. 更换操作投资法

该操作法有个基本的假定，那就是每种基金的价格都会随着市场状况的变化而涨落，因此，投资者应追随强势基金而随时割舍业绩不振的基金，随时换进优良的基金。通常这种方法在“多头”市场上运用得较多，而在“空头”市场上却不一定行得通。因为在“空头”当道的市场上并不存在优良的基金可以转换。

4. 适时进出投资法

在这种方法条件下，投资者完全是以市场行情作为进出市场的依据。若投资者预测市场行情将要下跌时、他就会减少投资额；若投资者预测市场行情将要上升时，他就会增加投资额，从而适时地进出市场。采用这一方法也是因人而异的，有些投资者以全部资金适时进出，另一些投资者可能是以部分资金适时进出。依靠这一方法获利，其前提是投资者必须要有70% ~80% 的判断准确率，否则交易手续和税金的增加额会抵消适时进出所获的资本利得。

5. 货币市场基金与成长型基金互换法

货币市场基金与成长型基金相互转换的方法是建立在这样的一种理论之上：当货币市场的利率高时，股票市场的投资表现不佳。相反，当股票市场投资获利高时，货币市场的利率将下降。根据美国著名理财专家唐纳修的看法、收益率为10%是一个转折点，若投资者将资金投资于收益率为10%以上的安全性较高的投资手段上．就没有必要将资金投在占有高风险的成长型基金里。若投资者投资于货币市场基金，但是利率却在不断地下跌，而且跌破10%时，投资者就必须考虑如何使资金能发挥出更大投资效能，成长型基金成为投资者一个较好的选择，虽然它有一定的风险。因为货币市场利率虽在下降，但这必然会引起股市价格的上升，这样，投资者选择成长型基金就比较有利。

6. 分散投资法

基金本身最大的特点之一就是分散投资风险．因此对小额投资者很有吸引力。不同类型基金的风险是不一样的，例如股票基金风险较大，债券基金、货币市场基金的风险就次之，而基金中的基金风险就更小。而对于投资者来说，要确定自己是属冒险型投资者，还是属于稳健型投资者或者是保守型投资者并不容易，所以往往是在不同的投资目标前犹豫不决。这时，投资者在资金允许的情况下，不妨采用投资中最基本、最简单易行的投资方法——分散投资法，将可用于投资的资金分成几个部分，分别投资于风险各异、收益水平不同的各种不同类型的基金。例如，在采用分散投资法的前提下，当股票市场行市下跌，股票基金表现不佳时，可能由于债券基金或货币市场基金因利率不断上升而表现好，收益不错，这样，一个基金表现不好而造成的损失就会由表现好的基金的收益所抵消。这种投资方法，风险可从两个方面得到降低，一是基金本身就分散了投资风险，另一方面，投资的多元化进一步降低了风险。但对于资金实力并不十分雄厚的投资者，该方法操作也存在一定困难。由于资金量少，投资者无法组建合理的多元化的投资组合，无力兼顾多头投资，这时，投资者最重要的还是选择一个表现优良的基金作为投资对象。

五、如何选择基金

1. 选择基金的七大技巧

第一，正确认识基金的风险，购买适合自己风险承受能力的基金品种。

现在发行的基金多是开放式的股票型基金，它是现今我国基金业风险最高的基金品种。部分投资者认为许多基金是通过各大银行发行的，所以，绝对不会有风险。但他们不知道基金只是专家代你投资理财，他们要拿着你的钱去购买有价证券，因此和任何投资一样，具有一定的风险，这种风险永远不会完全消失。如果你没有足够的承担风险的能力，就应购买偏债型或债券型基金，甚至是货币市场基金。

第二，选择基金不能贪便宜。

有很多投资者在购买基金时会去选择价格较低的基金，这是一种错误的选择。例如：A 基金和 B 基金同时成立并运作，一年以后，A 基金单位净值达到了 2.00 元/份，而 B 基金单位净值却

理财小提示

基金选择七大技巧

第一，正确认识基金的风险，购买适合自己风险承受能力的基金品种。

第二，选择基金不能贪便宜。

第三，新基金不一定是最好的。

第四，分红次数多的并不一定是最好的基金。

第五，不要只盯着开放式基金，也要关注封闭式基金。

第六，谨慎购买拆分基金。

只有1.20元/份，按此收益率，再过一年，A基金单位净值将达到4.00元/份，可B基金单位净值只能是1.44元/份。如果你在第一年时贪便宜买了B基金，收益就会比购买A基金少很多。所以，在购买基金时，一定要看基金的收益率，而不是看价格的高低。

第三，新基金不一定是最好的。

在国外成熟的基金市场中，新发行的基金必须有自己的特点，要不然很难吸引投资者的眼球。可我国不少投资者只购买新发基金，以为只有新发基金是以1元面值发行的，是最便宜的。其实，从现实角度看，除了一些具有鲜明特点的新基金之外，老基金比新基金更具有优势。首先，老基金有过往业绩可以用来衡量基金管理人的管理水平，而新基金业绩的考量则具有很大的不确定性；其次，新基金均要在半年内完成建仓任务，有的建仓时间更短，如此短的时间内，要把大量的资金投入到规模有限的股票市场，必然会购买老基金已经建仓的股票，为老基金抬轿；再次，新基金在建仓时还要缴纳印花税和手续费，而建完仓的老基金坐等收益就没有这部分费用；最后，老基金还有一些按发行价配售锁定的股票，将来上市就是一块稳定的收益，且老基金的研究团队一般也比新基金成熟。所以，购买基金时应首选老基金。

第四，分红次数多的并不一定是最好的基金。

有的基金为了迎合投资人快速赚钱的心理，封闭期一过，马上分红，这种做法就是把投资者左兜的钱掏出来放到了右兜里，没有任何实际意义。与其这样把精力放在迎合投资者上，还不如把精力放在市场研究和基金管理上。投资大师巴菲特管理的基金一般是不分红的，他认为自己的投资能力要在其他投资者之上，钱放到他的手里增值的速度更快。所以，投资者在选择基金时一定要看净值增长率，而不是分红多少。

第五，不要只盯着开放式基金，也要关注封闭式基金。

开放式与封闭式是基金的两种不同形式，在运作中各有所长。开放式可以按净值随时赎回，但封闭式由于没有赎回压力，使其资金利用效率远高于开放式。

第六，谨慎购买拆分基金。

有些基金经理为了迎合投资者购买便宜基金的需求，把运作一段时间业绩较好的基金进行拆分，使其净值归1，这种基金多是为了扩大自己的规模。试想在基金归1前要卖出其持有的部分股票，扩大规模后又要买进大量的股票，不说多交了多少买卖股票的手续费，单是扩大规模后的匆忙买进就有一定的风险，事实上，采取这种营销方式的基金业绩多不如意。

第七，投资于基金要放长线。购买基金就是承认专家理财要胜过自己，就不要像股票一样去炒作基金，甚至赚个差价就赎回，我们要相信基金经理对市场的判断能力。例如：基金安信从1998年6月22日成立，经历了我国股票市场的牛——熊——牛的交替，到2010年底年收益率超过20%，这还不算分红后的再投资收益。因此，投资者一定要牢记，长线是金。

2. 如何选择基金公司

在选择值得投资的基金时，充分了解管理基金的基金管理公司是非常重要的。你应该选择一家诚信、优秀的基金管理公司，应该对基金管理公司的信誉、以往业绩、管理机制、背景、财力、人力资源、规模等方面有所了解。下面是几个你可以用来判断基金管理公司好坏的依据：

（1）规范的管理和运作。

规范的管理和运作是基金管理公司必须具备的基本要素，是基金资产安全的基本保证。判断一家基金管理公司的管理运作是否规范，你可以参考以下几方面的因素：一是基金管理公司的治理结构是否规范合理，包括股权结构的分散程度、独立董事的设立及其地位等。二是基金管理公司对旗下基金的管理、运作及相关信息的披露是合全面、准确、及时。三是基金管理公司有无明显的违法违规现象。

（2）历年来的经营业绩。

基金管理公司的内部管理及基金经理人的投资经验、业务素质和管理方法，都会影响到基金的业绩表现。有些基金的投资组合是由包括多个基金管理人员和研究人员的基金管理小组负责的，有的基金则由一两个基金经理管理。后一种投资管理形式受到个人因素的影响较大，如果遇到人事变动，对基金的运作也会产生较大的影响。对于基金投资有一套完善的管理制度及注重集体管理的基金公司，决策程序往往较为规范，行动起来也比较有针对性。在这种情况之下，他们以往的经营业绩较为可靠，也更具持续性，可以在你挑选基金时作为参考。一般来说，大投资机构或金融机构管理的基金比较有保障。

（3）市场形象、服务的质量和水平。

基金管理公司的市场形象、为投资者提供服务的质量和水平，也是你在选择基金管理公司时可以参考的因素。对于封闭式基金而言，基金管理公司的市场形象主要通过旗下基金的运作和净值增长情况体现出来。市场形象较好的基金管理公司，旗下基金在二级市场上更容易受到投资者的认同与青睐；反之，市场形象较差的基金管理公司，旗下基金往往会受到投资者的冷落。对于开放式基金而言，基金管理公司的市场形象还会通过营销网络分布、收费标准、申购与赎回情况、对投资者的宣传等方面体现出来。你在投资开放式基金时，除了考虑基金管理公司的管理水平外，还要考虑到相关费用、申购与赎回的方便程度以及基金管理公司的服务质量等诸多因素。

3. 如何选择投资基金的方式

一旦决定了投资多少资金在某一只基金后，你还必须作一个重要的投资决定，那就是以什么方式买基金，是一次把所有的资金都投入呢？还是一小笔一小笔地分次买入？

如果你选择以单笔方式将资金一次性地投入，那你必须注意买卖的时点。运用单笔的投资分式，获利或亏损将在很大程度上取决于投入的时点。如果你能充分掌握低买高卖的原则，就会有丰厚的获利。但是如果投资时点不佳，你也有可能发生亏损。

单笔买进的投资方式还可分成“长期投资型”及“适时进出型”两种。“长期投资型”是将资金长期投资在基金上，定期检视投资状况，但基本上不会频繁进出。“适时进出型”则是在后市看好的时候将资金投入，而当市场行情反转时，立即将基金赎回。如果你具备相当的投资经验和风险承担能力，可以采用适时进出型的投资策略，否则最好还是采取长期投资策略，免得被交易手续费侵蚀掉所有的投资收益。

另外，你也可以选择采用定期定额投资法。所谓“定期定额”投资，就是无论行情好坏，每月或在其他固定时点上都投资一笔钱在基金上。定期定额投资法有一点像“零存整取”的投资方式，特别适合一般工薪阶层利用每月为数不多的节余．为自己累积退休金或为小孩储备教育基金。

4. 怎样选取投资组合效能高的基金

基金的最突出特点就是广泛地投资于很多不同的产业。正因为是分散投资，从而可以减少投资风险。投资在单一产业的基金虽然可能获得较高的利润，但与此同时会伴随着较高的风险。所以投资者应选取投资组合效能高的基金去投资。了解基金投资组合的办法是阅读投资基金的经理公司的季报或年报，上面刊载了该基金所有的投资项目及各项投资的投资金额。合理的分散投资组合应该是投资于某一种股票的资金不会超过总资产的5%，而且，所有股票应分散于10个以上的不同行业上。所以，分散良好的投资组合，应该有20种以上的股票，投资在十几种行业上。如果一种基金的投资组合不能满足这个条件，投资者就不应该选择这种基金。当然，投资组合是没有共性的，必须视不同的投资者的具体情况而定。每一个投资者应根据自己的性格特点、承受风险的能力与意愿、自身的资金实力、投资年限、投资目标计划和投资者个人的投资组合，以及投资当时所处的经济周期及金融市场行情来决定各种不同的基金组合的成分。例如，在经济处于衰退期或熊市出现时，应当侧重于投资债券，减少股票基金的持有量；反之，则投资侧重方向相反。

5. 基金定投需选时

基金定投到底要不要选时？基金定投时间设在一个月中的哪个日期较为科学？不少基民以为，定投就是为了避免选时风险，因此不用考虑“选时”。实际上，定投也是一门关于时间的艺术，以“选时”制服“选时”的风险。

首先，定投多只基金应选择不同的扣款时间。如果你打算每月分别往3只基金A、B、C定投500元，建议这3只基金设定在不同的扣款日。比如，A选择每月的5日扣款，B选择15日，C选择25日。虽然A、B、C是不同的基金，但这些基金一般跟股票市场的波动密切相关，利用投资成本加权平均的特点，就能够减少价格波动的幅度，增加获利概率。尤其是在股市大幅振荡期间，暴跌暴涨往往在一日之间，一次性投资1 500元往往比分3笔500元承担较大风险。

同样的道理，有的基金公司直销网站或者银行基金可以选择“周定投”。“周定投”比“月定投”有优势。如果每月打算定投800～1 000元去买基金A，还不如选择“周定投”，每周买入200元，更能平摊波动幅度。不过，智能定投在国内仍是新鲜事物，不少销售渠道并不支持“按周定投”或者“两周定投”。

此外，一些基金公司和银行从2010年开始推出不定日期的每月定投，也就是说投资者可以在一个月之内随意选择日期进行定投，在定投中加入一些投资者主观选择的因素，这样可以让那些对股市熟悉程度很高的投资者更加自由地进行投资。

但是，菜鸟应谨慎。一般每一个季度的最后一天都是基金重仓股票拉高的时机，所以尽量不要在每月的最后一天或第一天作为定投的约定日。对于购物欲旺盛的基民来说，选择在发放工资的第三天扣款，或可有力遏制消费冲动。

第五章

迎接全民炒股时代

一、什么是股票

1. 股票的含义

股票是股份有限公司在筹集资本时向出资人发行的股份凭证。股票代表着其持有者（股东）对股份公司的所有权，这种所有权是一种综合权利，包括参加股东大会、投票表决、参与公司的重大决策、收取股息或分享红利等权利。同一类别的每一份股票所代表的公司所有权是相等的，同股同权，同股同利。

理财小格言

股市是一个允许投机的“投资场所”，而最好不要把它当作一个可以投资的“投机场所”，“博傻理论”在股市大行其道，但不要认为自己每次都能找到比自己更大的傻瓜。

2. 股票的特征

股票有以下五个特征：

（1）不可偿还性。

股票是一种无偿还期限的有价证券，投资者认购了股票后，就不能要求公司退股，只能到股票交易市场卖给第三者。股票的转让只意味着公司股东的改变，股东的资本仍留在公司中，公司资本并未减少。从期限上看，只要公司存在，它所发行的股票就存在，股票的期限等于公司存续的期限。只有在公司破产或公司清算时，股东才有可能要求退还股本及股利。

（2）参与性。

股东有权出席股东大会，选举公司董事会，参与公司重大决策。股东参与公司决策的权利大小，取决于其所持有的股份的多少。股票持有者的投资意愿和享有的经济利益．通常是通过行使股东参与权来实现的。

（3）收益性。

股东凭其持有的股票，有权从公司领取股息或红利，获取投资的收益。股息或红利的大小，主要取决于公司的盈利水平和公司的盈利分配政策。股票的收益性，还表现在股票投资者可以获得价差收入或实现资产保值增值。通过低价买入和高价卖出股票．投资者可以赚取利润。

（4）流通性。

股票的流通性是指股票可以在不同的投资者之间进行买卖。流通性通常以可流通的股票数量、成交量以及股价对交易量的敏感程度等来衡量。股票的流通使投资者能在市场上卖出所持有的股票，取得现金。

（5）价格波动性和风险性。

股票在交易市场上作为交易对象，同商品一样，有自己的市场行情和市场价格。由于股票价格要受到诸如公司经营状况、供求关系、银行利率、大众心理等多种因素的影响，其波动有很大的不确定性。正是这种不确定性，有可能使股票投资者遭受损失。价格波动的不确定性越大，投资风险也越大。因此，股票是一颇具风险的金融产品。

3. 股票的用途

股票的用途主要有三点：

（1）作为一种出资证明，当一个自然人或法人向股份有限公司参股投资时，便可获得股票作为出资的凭据。

（2）股票的持有者可凭借股票来证明自己的股东身份，参加股份公司的股东大会，对股份公司的经营发表意见。

（3）股票持有人凭借股票可获得一定的经济利益，参加股份公司的利润分配，也就是通常所说的分红。

4. 股票获得的途径

在现实的经济活动中，人们获取股票通常有四种途径。

（1）作为股份有限公司的发起人而获得股票。

如我国许多上市公司都由国有独资企业转为股份制企业，原企业的部分财产就转为股份公司的股本，相应地原有企业就成为股份公司的发起人股东。

（2）在股份有限公司向社会募集资金时获得股票。

股份有限公司向社会募集资金时发行股票，自然人或法人出资购买，这种股票通常被称为原始股。

（3）在二级流通市场上获得股票。

在二级流通市场上，通过出资的方式受让他人手中持有的股票，这种股票一般称为二手股票，这种形式也是我国投资者获取股票的最普遍形式。

（4）他人赠予或依法继承而获得的股票。

不论股票的持有人是通过何种途径获得股票，只要他是股票的合法拥有者，持有股票，就表明他是股票发行企业的股东，就享有相应的权利与义务。

二、股票的分类

1. 普通股与优先股

普通股是指在公司的经营管理和盈利及财产的分配上享有普通权利的

股份，代表满足所有债权偿付要求及优先股东的收益权与求偿权要求后对企业盈利和剩余财产的索取权。它构成公司资本的基础，是股票的一种基本形式，也是发行量最大、最为重要的股票。目前在上海和深圳证券交易所上市交易的股票，都是普通股。普通股股票持有者按其所持有股份比例享有以下基本权利：

（1）公司决策参与权。

普通股股东有权参与股东大会，并有建议权、表决权和选举权，也可以委托他人代表其行使其股东权利。

（2）利润分配权。

普通股股东有权从公司利润分配中得到股息。普通股的股息是不固定的，由公司赢利状况及其分配政策决定。普通股股东必须在优先股股东取得固定股息之后才有权享受股息分配权。

（3）优先认股权。

如果公司需要扩张而增发普通股股票时，现有普通股股东有权按其持股比例，以低于市价的某一特定价格优先购买一定数量的新发行股票，从而保持其对企业所有权的原有比例。

（4）剩余资产分配权。

当公司破产或清算时，若公司的资产在偿还欠债后还有剩余，其剩余部分按先优先股股东、后普通股股东的顺序进行分配。

优先股则是指在公司进行利润分红和派息以及在公司清算时分配公司财产方面，比普通股享有优先权的股票。优先股又称为特别股。

2. 国有股、法人股、社会公众股

按投资主体来分，我国上市公司的股份可以分为国有股、法人股和社会公众股。

国有股指有权代表国家投资的部门或机构以国有资产向公司投资形成的股份，包括以公司现有国有资产折算成的股份。由于我国大部分股份制企业都是由原国有大中型企业改制而来的，因此，国有股在公司股权中占

有较大的比重。通过改制，多种经济成分可以并存于同一企业，国家则通过控股方式，用较少的资金控制更多的资源，巩固了公有制的主体地位。

法人股指企业法人或具有法人资格的事业单位和社会团体以其依法可经营的资产向公司非上市流通股权部分投资所形成的股份。目前，在我国上市公司的股权结构中，法人股平均占20%左右。根据法人股认购的对象，可将法人股进一步分为境内发起法人股、外资法人股和募集法人股三个部分。

社会公众股是指我国境内个人和机构，以其合法财产向公司可上市流通股权部分投资所形成的股份。

3. 绩优股与垃圾股

所谓绩优股，就是业绩优良公司的股票。但对于绩优股的定义国内外却有所不同。在我国，投资者衡量绩优股的主要指标是每股税后利润和净资产收益率。一般而言，每股税后利润在全体上市公司中处于中上地位，公司上市后净资产收益率连续三年显著超过10%的股票当属绩优股之列。在国外，绩外股主要指的是业绩优良且比较稳定的大公司股票。

绩优股具有较高的投资回报和投资价值。其公司拥有资金、市场、信誉等方面的优势，对各种市场变化具有较强的承受和适应能力，绩优股的股价一般相对稳定且呈长期上升趋势。因此，绩优股总是受到投资者、尤其是从事长期投资的稳健型投资者的青睐。

与绩优股相对应，垃圾股指的是业绩较差的公司的股票。这类上市公司或者行业前景不好，或者经营不善，有的甚至进入亏损行列。其股票在市场上的表现萎靡不振，股价走低，交投不活跃，年终分红也差。投资者在考虑选择这些股票时，要有比较高的风险意识，切忌盲目跟风投机。

4. 蓝筹股与红筹股

在海外股票市场上，投资者把那些在其所属行业内占有重要支配性地位、业绩优良、成交活跃、红利优厚的大公司股票称为蓝筹股。“蓝筹”

一词源于西方赌场。在西方赌场中，有三种颜色的筹码，其中蓝色筹码最为值钱，红色筹码次之，白色筹码最差。投资者把这些行话套用到股票上。美国通用汽车公司、埃克森石油公司和杜邦化学公司等股票，都属于“蓝筹股”。蓝筹股并非一成不变。随着公司经营状况的改变及经济地位的升降，蓝筹股的排名也会变更。

红筹股这一概念诞生于20世纪90年代初期的香港股票市场。中华人民共和国在国际上有时被称为红色中国，相应地，香港和国际投资者把在境外注册、在香港上市的那些带有中国内地概念的股票称为红筹股。

红筹股已经成了除B股、H股外，内地企业进入国际资本市场筹资的一条重要渠道。红筹股的兴起和发展，对香港股市也有着十分积极的影响。

5. 一线股、二线股与三线股

根据股票交易价格的高低，我国投资者还直观地将股票分为一线股、二线股和三线股。

一线股通常指股票市场上价格较高的一类股票。这些股票业绩优良或具有良好的发展前景，股价领先于其他股票。大致上，一线股等同于绩优股和蓝筹股。一些高成长股，由于投资者对其发展前景充满憧憬，它们也位于一线股之列。一线股享有良好的市场声誉，为机构投资者和广大中小投资者所熟知。

二线股是价格中等的股票。这类股票在市场上数量最多。二线股的业绩参差不齐，但从整体上看，它们的业绩也同股价一样，在全体上市公司中居中游。

三线股指价格低廉的股票。这些公司大多业绩不好，前景不妙，有的甚至已经到了亏损的境地。也有少数上市公司，因为股票发行量太大，或者身处夕阳行业，缺乏高速增长的可能，难以塑造出好的投资概念来吸引投资者，这些公司虽然业绩尚可，但股价却徘徊不前，也被投资者视为三线股。

6. A股、B股、H股、N股、S股

我国上市公司的股票有A股、B股、H股、N股和S股等的区分。这一区分主要依据股票的上市地点和所面对的投资者而定。

A股的正式名称是人民币普通股票。它是由我国境内的公司发行，供境内机构、组织或个人（不含台、港、澳投资者）以人民币认购和交易的普通股股票。

B股的正式名称是人民币特种股票。它是以人民币标明面值，以外币认购和买卖，在境内（上海、深圳）证券交易所上市交易的。

H股，即注册地在内地、上市地在香港的外资股。香港的英文是Hong Kong，取其字首，在港上市外资股就叫做H股。依此类推，纽约的第一个英文字母是N，新加坡的第一个英文字母是S，纽约和新加坡上市的股票就分别叫做N股和S股。

7. 新股与次新股

新股与次新股是按股票上市时间来进行划分的。

新股一般是指当年发行上市的股票，而次新股则是上一年度发行上市的股票，而已上市两年以上的股票则称为老股。

8. ST股与PT股

“ST”是英语Special Treatment（特别处理）的缩写。给股票冠以ST，是深、沪证券交易所自1998年4月开始实施的对经营状况异常的股票特别处理的标志。

当上市公司出现财务状况或其他状况异常，导致投资者对该公司前景难以判定，可能损害投资者权益的情况，例如公司连续两年亏损或每股净资产低于票面价值，就要予以特别处理。“其他状况异常”是指自然灾害、重大事故导致公司生产经营活动基本中止，公司涉及赔偿金额可能超过本公司净资产的诉讼状况。

特别处理内容主要包括：公司股票日涨跌幅限制为5%，中期报告必

须进行审计等。

“PT”是英语 Paticular Transfer（特别转让）的缩写，是指在为暂停上市股票提供流通渠道的“特别转让服务”。对于这种实行“特别转让”的股票，交易所在其股票简称前冠以“PT”，即为 PT 股。

《公司法》、《证券法》规定，上市公司连续三年亏损，其股票将暂停上市，实施“特别转让”。

特别转让与股票正常交易的区别是：

（1）交易时间不同。特别转让仅限于每周五的开市时间内进行，而非逐日持续交易。

（2）涨跌幅限制不同。特别转让股票申报价不得超过上一次转让价格的上下 5%，与 ST 股票的日涨跌幅相同。而正常股票交易的日涨跌幅度为 10%。

（3）撮合方式不同。特别转让是交易所于收市后一次性对该股票当天所有有效申报按集合竞价方式进行撮合，产生唯一的成交价格，所有符合成交条件委托盘均按此价格成交。

（4）交易性质不同。特别转让股票不是上市交易，因此，这类股票不计入指数计算，成交数不计入市场统计，其转让信息也不在交易所行情中显示，只由指定报刊设专栏在次日公告。

ST 股和 PT 股均是异常的股票，重点强调这些股票风险较大。设立 ST 股和 PT 股，有利于保护广大投资者的合法权益。

三、买卖股票如何获利

投资股票的获利来源主要有两个：一是投资者购买股票后成为公司的股东，他以股东的身份，按照持股的多少，从公司获得相应的股利，包括股息、现金红利和红股等；二是因持有的股票价格上升所形成的资本增值，也就是投资者利用低价进高价出所赚取的差价利润，这正是目前我国绝大部分投资者投资股票的直接目的。

1. 股利

股息是股东定期按一定的比率从上市公司分取的盈利，红利则是在上市公司分派股息之后按持股比例向股东分配的剩余利润。获取股息和红利，是股民的基本经济权利。

（1）股利来源。

税后利润既是股息和红利的唯一来源，又是上市公司分红派息的最高限额。

上市公司的税后利润中，其分配顺序如下：

①弥补以前年度的亏损；

②提取法定盈余公积金；

③提取公益金；

④提取任意公积金；

⑤支付优先股股息；

⑥支付普通股股息。

因此，在上市公司分红派息时，其总额一般都不会高于每股税后利润，除非有前一年度结转下来的利润。由于各国的公司法对公司的分红派息都有限制性规定，如我国就规定上市公司必须按规定的比例从税后利润中提取资本公积金来弥补公司亏损或转化为公司资本，所以上市公司分配股息和红利的总额要少于公司的税后利润。

（2）股利的种类。

股利一般有四种形式：现金股利、财产股利、负债股利和股票股利。

财产股利是上市公司用现金以外的其他资产向股东分派的股息和红利。它可以是上市公司持有的其他公司的有价证券，也可以是实物。

负债股利是上市公司通过建立一种负债，用债券或应付票据作为股利分派给股东。这些债券或应付票据既是公司支付的股利，又确定了股东对上市公司享有的独立债权。

现金股利是上市公司以货币形式支付给股东的股息红利，也是最普通最常见的股利形式，如每股派息多少元，就是现金股利。

股票股利是上市公司用股票的形式向股东分派的股利，也就是通常所说的送红股。采用送红股的形式发放股息红利实际上是将应分给股东的现金留在企业作为发展再生产之用，它与股份公司暂不分红派息没有太大的区别。股票红利使股东手中的股票在名义上增加了，但与此同时公司的注册资本增大了，股票的净资产含量减少了。但实际上股东手中股票的总资产含量没什么变化。

（3）股利的发放。

一般来讲，上市公司在财会年度结算以后，会根据股东的持股数将一部分利润作为股息分配给股东。根据上市公司的信息披露管理条例，我国的上市公司必须在财会年度结束的120天内公布年度财务报告，且在年度报告中要公布利润分配预案，所以上市公司的分红派息工作一般都集中在次年的第二和第三季度进行。

在分配股息红利时，首先是优先股股东按规定的股息率行使收益分配，然后普通股股东根据余下的利润分取股息，其股息率则不一定是固定的。在分取了股息以后，如果上市公司还有利润可供分配，就可根据情况给普通股股东发放红利。

（4）影响股利发放的因素。

①经营业绩。股东一年的股息和红利有多少要看上市公司的经营业绩，因为股息和红利是从税后利润中提取的。在一个经营财会年度结束以后，当上市公司有所盈利时，才能进行分红与派息。且盈利愈多，用于分配股息和红利的税后利润就愈多，股息和红利的数额也就愈大。

②股息政策。除了经营业绩以外，上市公司的股息政策也影响股息与红利的派法。在上市公司盈利以后，其税后利润有两大用途，除了派息与分红以外，还要补充资本金以扩大再生产。如果公司的股息政策倾向于公

司的长远发展，则就有可能少分红派息或不分红而将利润转为资本公积金。反之，派息分红的量就会大一些。

③国家税收政策。股息和红利的分配受国家税收政策的影响。上市公司的股东不论是自然人还是法人都要依法承担纳税义务，如我国就有明确规定，持股人必须交纳股票收益（股息红利）所得税，其比例是根据股票的面额，超过一年期定期储蓄存款利率的部分要缴纳20%的所得税。

2. 股票价差

正常而言，上市公司的股利应该是股民投资上市公司的基本目的，但实际上股民基本上都将其忽略。

大多数股民真正追求的是股票交易的价差，正如本节开篇的小故事，人们关注的只是股价的变动，而不在乎股票内在的价值究竟有多少。

那么，为什么会产生股票交易的价差呢？其实答案非常简单：供需关系。当供大于求时，股价下跌；当供小于求，股价上涨；当供求相当，股价横盘波动。

再进一步追问，为什么供需关系会变化呢？答案同样非常简单：心理预期。当投资者们对股票的未来预期变高的时候，需求就会增加；当投资者们对股票的未来预期变低的时候，供给就会增加。由于市场上投资者的心理预期的不一致，就导致了供需关系发生变化。

我们简单的梳理一下股票买卖与心理预期的关系：

（1）如果有人认为某股票的买价高出自己的预期价格，就会卖出该股票。

（2）如果有人认为某股票的卖价低于自己的预期价格，就会买入该股票。

（3）如果市场上大部份交易者都认为某股票的价格大大低于其价值，则该股票就会被无数的买盘将该股票的价格逐步推高，直至涨停。

（4）如果市场上大部份交易者均认为某股票的价格大大高于其价值，则该股票必然被许多卖盘将该股票的价格一直往下跌，直至跌停。

（5）如果市场上对某股票的价格分歧较大，该股票价格的市场表现就出现了上下波动的状态。

还是借用一个比喻来说明吧！

小比喻

股票的供求关系

假设一头牛经过评估，它的现价为 1 000 元。那么将这头牛注册成一家股份公司，发行 1 000 股公司的股票，它的每股面值就是 1 元钱。由此可见，股票的诞生依赖于其所代表的企业的资产。

如果将这家公司的股票上市，您认为这家公司的股票值多少钱呢？这家公司的股票会以什么样的价格交易呢？这个连小学生都不会算错的题目在股市中就会走样了！因为股票一旦上市，股票的价格就由投资者的预期而不是股票的价值来决定的了。

比如，有人会认为这头牛会老、会死，且它创造不了什么经济价值。因此，只能以 1 元或更低的价格交易。

而有人则会想象这头牛每年会生 10 只小牛，而小牛长大后又会生小牛。并且，这些牛又会耕地、又能产奶，即使这些牛老死后，其皮毛还能制成高档皮革。真是财源滚滚，永无止境！因此，该股票能以几十元甚至上百元的价格交易。

这样就导致了股票供求关系的不一致！

再假设，养这头牛的刘嫂或者所谓的专家学者，通过各种数据表格，说服股民们相信，这头牛是良种，其生育能力、产奶能力奇强，其皮毛质量极好，而刘嫂的经营管理能力又是特高。不仅如此，该公司还从事饲料购销、良种培育、高档绿色营养品生产、皮革制作之类挑战性的业务。因此，公司未来将冲出亚洲走向世界，进入世界 500 强……这些美丽动人的篇章，使这家公司的股票即使被炒到上千元也不足为奇了。

这个比喻并非说明所有上市公司都徒有其表，没有任何投资价值（如果这样，巴菲特就找不到投资对象了），而是为了说明股价常常是因为投资者的心理预期而发生波动，导致股价偏离股票的价值（尽管长期而言，股价应该会回归价值）。

四、股市有风险，入市须谨慎

“股市有风险，入市须谨慎。”这句话很多股民都非常熟悉，但真正把它当回事儿的却没有几人。尤其是很多新股民（包括不少老股民），大都是抱着“到股市里面捡钱”的想法而入市的，对投资股票的风险几乎没有认识，非要等着市场来亲自给他们上一堂生动的风险课。

这里不再啰唆什么市场风险（又称系统风险）、非市场风险（又称非系统风险）之类的话，只是简单说一句：“收益有多高，风险就有多大。”这绝对是投资中的至理名言。希望大家能够引起重视，在真正投资之前，认清风险，正视风险，树立风险意识，做好规避股票交易风险的准备工作。

1. 掌握必要的证券专业知识

炒股不是一门科学，而是一门艺术。但艺术同样需要扎实的专业知识和基本技能。你能想象一位音乐大师不懂五线谱吗？所以，花些时间和精力学习一些基本的证券知识和股票交易策略，才有可能成长为一名稳健而成功的股票投资人。否则，只想靠运气赚大钱，即使运气好误打误撞捞上一笔，不久也肯定会再赔进去。

2. 认清投资环境，把握投资时机

在股市中常听到一句格言：“选择买卖时机比选择股票更重要。”所以，在投资股市之前，应该首先认清投资的环境，避免逆势买卖。否则，在没有做空机制的前提下，你选择熊市的时候大举买进，而在牛市的时候

却鸣鼓收兵，休养生息，不能不说是一种遗憾。

（1）宏观环境。

股市与经济环境、政治环境息息相关。

当经济衰退时，股市萎缩，股价下跌；反之，当经济复苏，股市繁荣，股价上涨。

政治环境亦是如此。当政治安定、社会进步、外交顺畅、人心踏实时，股市繁荣，股价上涨；反之，当人心慌乱时，股市萧条，股价下跌。

（2）微观环境。

假设宏观环境非常乐观，股市进入牛市行情，那是否意味着随便建仓就可以赚钱了呢？也不尽然。尽管牛市中确实可能会出现鸡犬升天的局面，但是，牛市也有波动。如果你入场时机把握不好，为利益引诱盲目进入建仓，却不知正好赶上了一波涨势的尾部，那么牛市你也会亏钱，甚至亏损十分严重。

所以，在研究宏观环境的同时，还要仔细研究市场的微观环境。

3. 确定合适的投资方式

股票投资采用何种方式因人而异。一般而言，不以赚取差价为主要目的，而是想获得公司股利的多采用长线交易方式。平日有工作，没有太多时间关注股票市场，但有相当的积蓄及投资经验，多适合采用中线交易方式。空闲时间较多，有丰富的股票交易经验，反应灵活，采用长中短线交易均可。如果喜欢刺激，经验丰富，整天无事，反应快，则可以进行日内交易（中国实行 T+1，暂时无法进行日内交易）。

理论而言，短线交易利润最高，中线交易次之，长期交易再次。

4. 制定周详的资金管理方案

俗语说：“巧妇难为无米之炊。”股票交易中的资金，就如同我们赖以生存、解决温饱的大米一样。“大米”有限，不可以任意浪费和挥霍。因此，“巧妇”如何将有限的“米”来“炒”一锅好饭，便成为极重要的课题。

股票投资人一般都将注意力集中在市场价格的涨跌之上，愿意花很多时间去打探各种利多利空消息，研究基本因素对价格的影响，研究技术指标作技术分析，希望能做出最标准的价格预测，但却常常忽略了本身资金的调度和计划。

其实，在弱肉强食的股市中，必须首先制定周详的资金管理方案，对自己的资金进行最妥善的安排，并切实实施，才能确保资金的风险最小。只有保证了资金风险最小，才能使投资者进退自如，轻松面对股市的涨跌变化。

5. 正确选择股票

选择适当的股票亦为投资前应考虑的重要工作。股票选择正确，则可能会在短期内获得厚利；而如果选择错误，则可能天天看着其他股票节节攀升，而自己的股票却在原地不动，甚至持续下跌。

那么，如何选择上涨（中国无法做空）的股票呢？对于绝大多数投资者而言，基本上都是依靠基本面分析和技术分析来进行判断的。

五、基本分析很重要

投资分析是证券投资的重要步骤，其目的是要选择合适的投资对象，抓住有利的投资机会，争取理想的收益。证券投资分析主要有基本面分析和技术分析两种。

所谓基本面，是指影响股票市场走势的一些基础性因素的状况。影响股市的基本因素，按性质不同可分为政治因素、经济因素、社会心理因素等；按影响范围不同，可分为宏观因素和微观因素；按来源不同，可分为国内因素和国际因素；等等。政治因素主要是指影响政局稳定的一系列因素。社会心理因素主要是指影响人们心理预期的一系列因素。经济因素主要包括宏观经济形势、国家的各种政策、上市公司所属行业的发展状况、上市公司本身的发展情况以及股票“替代品”（债券、基金等）市场的走势等。一般情况下，股市同经济形势的联系最密切，因而经济因素对股市的作用力也最强。

基本面分析的理论依据是股票价格是由股票价值决定的，通过分析影响股票价格的基础条件和决定因素，判断和预测股票价格今后的发展趋势。

1. 基本面分析的特点

基本面分析的优点在于它能较准确地把握股市走向，给投资者从事长线投资提供决策依据，而其缺点是分析时间效应长，对具体的入市时间较难作出准确的判断，要想解决此问题，还要靠技术分析的辅助。因此，基本面分析只适用于大势的研判，而不适用于具体入市时机的决断。

具体而言，基本面分析有如下几个特点。

（1）基本面分析是股市波动成因分析。

基本面分析研究股市波动的理由和原因，因此就必须对各种因素进行研究，分析它们对股市的影响。如果股票市场呈现跌势，基本面分析就必须对近期股票市场的供求关系和影响因素作出合理的分析，并指明股市整体走向和个股的波动方向。由此可见，投资者可以借助基本面分析来解决买卖“什么”的问题，以纠正技术分析可能提供的失真信息。

（2）基本面分析是定性分析。

基本面分析主要研究各种可以量化的经济指标数据，但这些数据对股市的影响程度却难以量化，只能把它们对股市的影响方向加以定性。

另外，基本面分析不能解决入市时机的问题，只有在对股市及个股走势有了基本的判断之后，再结合技术分析，才有可能找出合适的入市时机。

（3）基本面分析是长线投资分析。

基本面分析属于定性分析，侧重于大势的判断，得出的结论具有一定的前瞻性．对长线投资有一定的指导意义，目标是博取长期回报以及分享整体经济增长带来的成果，而非短线投机收益，所以它是长线投资分析工具。

依靠基本面分析从事长线投资的人，在决定购买某种股票之后，会持有相当长的时间，以求得该只股票带来的长线收益。只有当宏观经济形势发生变化或该企业所属的行业经营状况发生重大变化后，投资者才会改变投资策略。

2. 基本面分析的内容

（1）宏观经济形势分析。

从长期和根本上看，股票市场的走势是由一国经济发展水平和经济景气状况所决定的，股票市场价格波动也在很大程度上反映了宏观经济状况的变化。从国外证券市场历史走势不难发现，股票市场的变动趋势大体上与经济周期相吻合。

但是，股票市场的走势与经济周期在时间上并不是完全一致的。通常，股票市场的变化具有一定的超前性，因此股市价格被称作是宏观经济的晴雨表。另外，宏观经济形势对股市的影响程度还受股市发育程度制约。一般而言，股市越成熟，经济波动对其影响就越大；反之，影响则越小。

分析宏观经济形势对股市的影响，首先就要对宏观经济的运行状态进行分析，而完成这一任务就要分析各种经济指标。反映宏观经济发展状况的指标主要有：经济增长率、固定资产投资规模及其发展速度、失业率、物价水平、进出口额等。在这些指标中，有些指标的升降对股市涨跌有正向影响，有些指标的升降对股市涨跌有负向影响。

（2）宏观经济政策分析。

宏观经济政策主要包括货币政策和财政政策。

货币政策是国家调控国民经济运行的重要手段，它的变化对国民经济发展速度、就业水平、居民收入、企业发展等都有直接影响，进而对股市产生较大影响。当国家为了控制通胀而紧缩银根时，利率就会上升。一般情况下，利率上升，股价下跌；相反，利率下降，股价上升。

货币政策主要有：利率政策、汇率政策、信贷政策等。

财政政策也是国家调控宏观经济的手段。一般来说，财政政策对股市的影响不如货币政策那样直接，但它可以先影响国民经济的运行，然后再间接地影响股市。另外，财政政策中关于证券交易税项调整措施本身就是股票市场调控体系的组成部分，其对股市的影响力较大。财政政策主要包括公共支出政策、公债政策、税收政策等，这些政策的变化对股市有着直接或间接的影响，是进行基本面分析时要注意的重要问题。

（3）行业与板块分析。

行业与板块分析是介于宏观经济分析和上市公司分析之间的中间层次分析。

①行业分析。

行业分析的主要内容包括：行业的市场类型分析、行业的生命周期分析、行业变动因素分析等。

行业的市场类型分析侧重于行业的竞争程度分析。竞争程度越是激烈的行业，其投资壁垒越低，进入成本低，但风险大；竞争程度低的行业，风险小，利润丰厚，但投资壁垒高，进入成本高。

生命周期分析主要是对行业所处生命周期的不同阶段进行分析。行业的生命周期分为四个阶段：初创期、成长期、稳定期和衰退期。当行业处于稳定阶段时，涉足该行业的公司股票价格往往会处于稳中有升的状态；当行业处于成长阶段时，股市不太稳定，有大起大落的可能；当行业处于衰退期时，股票价格会下跌。

行业变动分析主要是指政府有关产业政策变动分析和相关行业发展变化分析。

②板块分析。

板块分析主要是分析区域经济因素对股票价格的影响。由于我国幅员辽阔，各地区经济发展水平很不一致，而上市公司在一定程度上又受区域经济的影响，从而形成股市中的“板块”行情，所以，对这些股票的分析一定要结合当地的经济形势进行。

（4）上市公司分析。

上市公司是股票的发行主体，分析股价的变化趋势就要分析上市公司的一些具体情况，如公司的竞争能力、赢利能力、经营管理能力、科研能力、产品的市场占有率、发展潜力以及财务状况等。只有通过对这些方面的分析研究，才能发现某只股票的潜在投资价值。

财务分析是基本分析中最重要的一环，它主要是通过对上市公司的有关财务数据资料进行比较分析，以了解其当前的财务状况，预测其发展趋势，确定该公司的成长潜力。财务分析的对象主要有资产负债表、利润表、现金流量表等。财务分析方法主要有财务比率分析法和比较分析法等。财务分析的主要内容有公司资本结构、公司偿债能力、公司经营能力、公司获利能力、股东权益保障能力等。

（5）其他因素分析。

除了经济因素影响股市外，社会因素、政治因素、自然因素等也会影响股市的走势。例如，社会稳定与否会对股市有极大的心理影响，政局不稳和战争对股市都是负面影响，自然灾害往往也会引起股市的大跌。

可以说社会、政治、经济等因素的任一变化都会引起起股市或大或小的波动，因此要较全面地认识股市变化规律，就要尽量把诸多因素都考虑进去。

3. 基本面分析过程

（1）信息收集。

现在是信息爆炸的时代，每天我们要面对巨量的信息。如果不能去芜存菁，那么就会被淹没在无边的信息之中，茫茫然而不知所措。

所以，要进行基本面分析，就必须根据自己的需要对各类信息进行分类整理，以便从浩瀚的信息中收集某一类或某几类有用的信息。

（2）信息分析。

收集整理好所需要的信息之后，就要对这些信息进行识别、加工和处理，以供投资决策之用。

①信息识别。

信息识别是信息分析的重要组成部分，它就是对信息材料的真伪进行判断，以达到去伪存真的目的。投资者要想获得较为准确的信息，就必须不断地提高自己的判断分析能力，同时还要学会从不同的角度去考证同一信息的真伪。

②研究经过筛选后的信息。

首先，对筛选后的信息再次进行细分，把对股市影响最直接、力度最大的信息放在优先考虑的位置，如上市公司的有关财务信息、所处行业的发展近况、规范证券市场运行的最新法规政策等。

其次，分析这些信息各自对股票价格走势的影响方向和影响程度，找出它们与股市价格变化之间的因果逻辑关系。

（3）作出结论。

在找到有关信息与股票价格变动关系后，就要作出结论，以指导下一步的投资活动。

（4）结论的修正。

结论准确与否总是与投资者掌握信息的多寡及质量有关。有时，分析建立在极少量信息材料基础之上，依此而得出的结论就有可能是错误的。在投资过程中，当发现分析结果与股市变动趋势有出入时，投资者就需要进一步收集有关资料，对前期结论进行纠正，以修改原来的投资计划。

实际上，基本面分析是一个连续过程：收集信息→分析→结论→再收集→再分析→修正结论……只有在这种不断循环往复之中，才能去伪存真，得到真实的信息，并作出比较准确的结论。技术分析是通过图表、技术指标的记录，研究市场过去及现在的行为反应，以推测未来价格的变动趋势的方法。技术分析只关心证券市场本身的变化，而不考虑会对其产生某种影响的经济、政治等方面的各种外部因素。

六、学会技术分析

技术分析有以下几个特点：首先，技术分析是对股票价格变化本身的分析，不考虑价格变化的背后原因。其次，技术分析着眼于过去，通过对历史数据及价格变化的分析，来预测股票价格的未来走向。再次，技术分析主要是对股市短期波动进行分析。

由于技术分析考虑问题的范围较窄，对股市长期趋势不能进行有效的判断，所以，一般来说，技术分析只适用于短期行情分析。要想对股市有较全面的分析和较准确的判断，仅靠技术分析远远不够，还必须借助基本面分析方法。

1. 技术分析的三个前提

技术分析的有关理论建立在三个假设前提之上。

（1）价格已综合了各类信息。

这个假设认为，影响股票市场价格走势的所有信息都已反映在价格的变化之中，也即任何时点上的价格水平都是各类信息综合作用的结果，因此投资者只需研究价格变化就够了，无须具体分析价格波动的背后原因。

在一定条件下，各种技术分析指标之所以能起到指导人们交易的作用，是因为它们已如实地“记录”了市场参与者的行为，也就是市场行为与图表形态及技术指标变化之间存在一一对应的关系，有什么样的市场行为就有什么样的图表形态及指标变化特征。

（2）股市存在趋势运动。

这个假设认为，市场价格变化有规律可循，在没有遇到外力作用的情况下，价格原来的变化趋势不会改变。技术分析的原本要义就是通过相关分析，以确定价格趋势的早期形态，使投资者可以顺势而为。

（3）历史会重演。

这个假设认为，股票市场的价格走势与人的心理因素有关。尽管投资者进入股市的时机不同，资金规模也有大小之分，但他们的动机却是相同的，即都是为了使投资利润最大化。对绝大多数进入股市的人来说，这一动机永远不会改变。在股票市场中，从事交易的人还要受心理预期因素的影响，在心理因素的作用下，交易者会形成一种相同的行为模式，并最终导致历史的重演。信奉技术分析的人认为，只要市场氛围相同或相似，过去出现过的价格走势或变动方式，今后还会不断出现。

2. 技术分析的原则

（1）技术分析只是一种工具，而不是百试百灵的。在技术分析过程中，往往受各种主客观因素影响而产生偏差，因此要站在一个高的起点运用技术分析。因为技术分析有局限，容易产生错误引导。

（2）技术分析得出的结果，只是表明市场有产生这个结果的可能性，或这种可能性更大。例如，大盘经过长期调整后，产生反弹还是反转，要视整个市场在这个阶段是否有反转的可能性。如果无反转可能性，则只能是反弹。

（3）市场永远是对的，不要与市场作对。市场的走势往往有其自身的规律，存在这种走势即是合理。简单地说，就是不要逆市而为，要顺应市场的方向去操作。

（4）当市场未发生明显反转的技术信号时，尽量不操作，在市场产生一个趋势（上升或下跌）时进行操作。

（5）市场的规律总在不断变化，技术分析的方式方法也在不断变换。当大多数人都发现了市场的规律或技术分析的方法时，这个市场往往会发生逆转。

（6）不可忽略基本面分析，而只进行单纯的技术分析。技术分析往往只有短期的效果，而基本面分析发掘的是上市公司内在的潜质，具有中长期阶段性的指导意义。

（7）避免用单一技术指标进行分析，每一个技术指标都有自己的优缺点。在进行技术分析的时候，要考虑多项技术指标的走势，同时结合具体走势进行分析理解。高水平的技术分析还要结合波浪理论、江恩循环论、经济周期等作为指导性分析工具。

（8）留意技术指标有较大的人为性。强庄股往往有反技术操作的特点，目的是将技术派人士尽数洗出或套牢。

（9）成交量有重大意义，要密切关注。主力庄家的每一个市场行为均与成交量有关，拉高建仓抢货、短线阶段性派发、阶段性反弹、打压吸筹、规模派发等庄家行为都与成交量有直接联系。如果高位出现放量，往往市场将发生转变，应果断离场，而在底部放量抢货时就应果断介入。

3. 如何做技术分析

（1）技术分析的起点：学会看图。

技术分析的第一步是要学会看图。图表的类型很多，但是都大同小异。最基本和常用的图表是阴阳蜡烛图。

如图5－1所示，一根棒线表明一个时间段。如果选择30分钟图，则一根棒线表明30分钟的交易；如果选择日线图，则一根棒线表明一天的交易。阴柱表明下跌，即收盘价低于开盘价；阳柱表明上涨，即收盘价高于开盘价。棒线实体部分的上下两条边表示该时间段的开盘价和收盘价，实体上部和下部的垂直线影线分别代表该时间段的最高价和最低价。

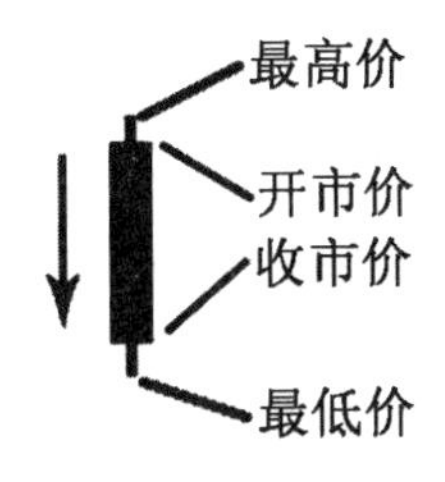

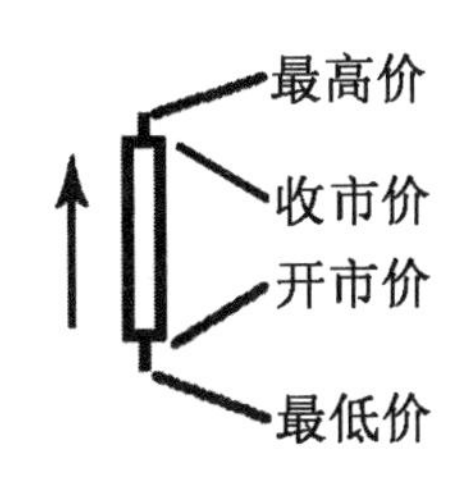

图5－1　蜡烛图

通过对蜡烛图的形态分析，有时可以判断行情什么时候将反转。如果能够在一波上升行情中判断出最早何时将调头向下，那么就可以第一时间做空赚取更大收益；同样，在一波下跌行情中判断出最早何时将企稳反弹，那么就可以第一时间做多。这样，可以保证投资者占尽先机。

另外，通过对蜡烛图的形态进行分析，可以判断行情在什么情况下会延续。如果掌握这些形态，可以更好的顺势交易，持有有利单时也会更加充满信心的持有，甚至途中加仓来使收益更大。

（2）技术分析的第二步：看趋势。

技术分析的第二个关键，就是要学会画趋势线。然后，通过趋势线寻找阻力位和支撑位。支撑位是指存在较大支撑的价位，股价下跌到该价位附近时容易企稳反弹；阻力位是指存在较大压力的价位，股价上升到该价位附近时容易遇阻回落。

画趋势线是计算支撑位和阻力位的主要方法，也可以结合技术指标，如黄金分割位、均线系统、布林通道等计算支撑位和阻力位。

那么，如何画趋势线呢？

在上升趋势中，将两个上升的低点连成一条直线，就得到上升趋势线。在下降趋势中，将两个下降的高点连成一条直线，就得到下降趋势线。为了使画出的趋势线在今后分析市场走势时具有较高的准确性，我们要用各种方法对画出的试验性趋势线进行筛选，去掉无用的，保留确实有效的趋势线。

要得到一条真正起作用的趋势线，要经多方面的验证才能最终确认，不合条件的一般应予以删除。

首先，必须确实有趋势存在。也就是说，在上升趋势中，必须确认出两个依次上升的低点；在下降趋势中，必须确认两个依次下降的高点，才能确认趋势的存在，连接两个点的直线才有可能成为趋势线。

其次，画出直线后，还应得到第三个点的验证才能确认这条趋势线是有效的（见图5－2）。一般来说，所画出的直线被触及的次数越多，其作为趋势线的有效性越被得到确认，用它进行预测越准确有效。

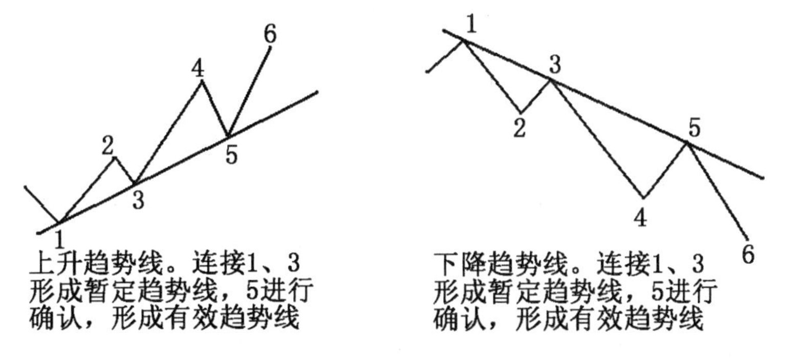

图5－2 上升趋势线和下降趋势线

此外，我们还要不断地修正原来的趋势线。例如，当股价跌破上升趋势线后又迅速回升至这条趋势线上面，分析者就应该利用第一个低点和最新形成的低点重新画出一条新线，又或是从第二个低点和新低点修订出更有效的趋势线。

（3）技术分析的第三步：活用技术指标。

技术指标要考虑市场行为的各个方面，建立一个数学模型，给出数学上的计算公式，从而得到一个体现股票市场的某个方面内在实质的数字。这个数字叫作指标值。指标值的具体数值和相互间关系，直接反映股市所处的状态，为我们的操作行为提供指导方向。指标反映的东西大多是从行情报表中直接看不到的。

目前，证券市场上的各种技术指标数不胜数。例如，相对强弱指标（RSI）、随机指标（KD）、趋向指标（DMI）、平滑异同平均线（MACD）、能量潮（OBV）、心理线（PSY）、乖离率（BIAS）等。这些都是很著名的技术指标，在股市应用中长盛不衰。

另外，随着时间的推移，新的技术指标还在不断涌现，如DMA EXP-MA（指数平均数）、SAR（停损点）、CCI（顺势指标）、ROC（变动率指标）、BOLL（布林线）、WR（威廉指标）等。

如此经过这三步，就可以确认对市场趋势有一个初步判断了。但也要注意，不要过分地相信技术分析。

小故事

技术分析不是万能的

麦基尔在他的《漫步华尔街》中曾描述了一个经典实验：他要求学生们构建一只普通的股价走势图，显示一只初始价格为50美元的假想股票的价格变动情况。对于以后相继的每一个交易日，股票的收盘价都用掷硬币的结果决定。如果掷出的是“正面”，那么股票的收盘价就比前一交易日高出0.5个百分点；反之，如果掷出的是“背面”，那么就比前一个交易日低0.5个百分点。

结果，与一般的股票走势图相比，得到的“走势图”简直到了以假乱真的程度，甚至看上去还有一定的周期性，既有“头肩底”形态，也有“三重顶”和“三重底”形态。作者把其中一张学生描制的“走势图”给一位技术分析师看。那位分析师一看，简直欣喜若狂。“上帝啊！这究竟是哪家公司？”他惊呼道，“我们得立刻买进，这张图实在太经典了！这只股票保证下个星期能大涨15个点。”当作者残忍地告诉他这幅图只不过是取自抛硬币的结果的时候，分析师就不再那么友好了。

麦基尔不是完全否定“技术分析”和“基本分析”的有效性，历史规律和定价原理一定程度上是有用的。他只是想说明，有时候花大力气去研究“走势”，研究“基本面”，甚至不如一只猩猩随便向华尔街日报的证券版投掷几只飞镖选出的“投资组合”更有效。

七、股市投资策略

1. 定式投资策略

定式投资策略是指投资者按照某种固定公式来进行股票和债券的组合投资策略，也就是根据市场股价行情来判断是否应该买卖股票。这类策略的侧重点并不在于股票市场的长期趋势或主要趋势，而是在于利用股市行情的短期趋势变化来获利。投资者在采用定式投资策略时不必对股市行情走势作任何预测，只要股价水平处于不断波动中，投资者就必须机械地依据事先拟定好的策略进行股票买卖，而是否买卖股票取决于股票市场的价格水平。

定式投资策略可分为等级投资策略、平均成本投资策略、固定金额投资策略、固定比率投资策略和可变比率投资策略等。每种策略方法虽然有所不同，但基本原理是一样的，那就是将投资资金分成股票和非股票两部分，适当划定两者比率及买卖的价格标准，然后不管在什么情形下，都依照事先做好的计划进行买卖。

（1）等级投资策略。

等级投资策略是定式投资策略中最简单的一种。当投资者选择普通股为投资对象时，采取这种计划的第一步，就是要确定股价变动的某一等级或幅度，如确定上升或下跌 1 元、2 元或 3 元为一个等级。每次当股价下降一级时，就购进一个单位，当股价上升一级时就出售一个单位数量。这样，投资者就可以使他的平均购买价格低于平均出售价格。

例如，某一投资者选择某公司的普通股作为投资对象，确定每一等级为 3 元。第一次购买 100 股每股市价为 40 元；当市价下降到 37 元时，他又购进 100 股；降到 34 元时再购进 100 股。这样，该投资者的平均购买价格为 37 元。如果此后一段时间股价开始反弹，当上升到 37 元时卖出

100 股，上升到 40 元再卖出 100 股，最后的 100 股待价格上升到 43 元时才出售，这样平均出售的价格为 40 元。经过这个过程，投资者可以盈利 900 元。

在执行等级投资策略过程中，投资者要同时做停止损失委托，一旦市况下降到平均线以下，投资者就须取消他的计划，以免蒙受损失。如上例中，当股价下降到每股 24 元时，投资者购买最后 100 股，这时股价可能反弹，也可能继续下滑。如果股价继续下滑，投资者就要遭受损失，因此这时必须做停止损失的出售委托，以避免遭受更大的损失。

等级投资策略是根据事先确定的等级来买卖股票，投资者不必顾及投资时间的选择。但是，这种计划不适用于持续上升或持续下降的股票，因为在持续上升的多头市场中，投资者由于分次出售而失去本来可以得到的更大利润；反之，在持续下跌的空头市场中，投资者要连续不断地按照分级的标准来加码购买，他便可能失去出售的机会，不得不中止计划的执行。

（2）平均成本投资策略。

平均成本投资策略是证券投资的又一可供选择的策略。这种方法的特点在于：一是选择某种具有长期投资价值的股票，同时这种股票的价格具有较大的波动性；二是投资者可选择或短或长的投资期限，比如说 1 个月或者半年，不论股价是上涨还是下跌，都必须有规律地投资于同一种股票，这样可以使投资者的每股平均成本低于每股平均价格。

例如，某一投资者选择某公司的普通股票为投资对象，确定投资期为 6 个月，每月以 500 元左右的资金投资一次。见表 5 - 1，（表中数据仅作示例之用，所买股数并不符合购入数量必须达到 1 手的规定）。

表5-1 6个月的投资记录

月份	股票市价（元）	买进股数	成本（元）	累计股数	累计成本	股票总值*
1	50	10	500	10	500	500
2	46	11	506	21	1 006	966
3	30	16	480	37	1 486	1 110
4	45	11	495	48	1 981	2 160
5	46	11	506	59	2 487	2 714
6	60	8	480	67	2 967	4 020

（*股票总值=股票市价×累计股数）

该投资者每月以500元左右的资金投入股票，到第6个月结束时，投资者每股的平均成本为：

$$每股平均成本=\frac{累计成本总额}{累计股数总额}=\frac{2\,967}{67}=44.28\ 元$$

而每股的平均价格为：

$$每股平均价格=\frac{各月购买价格之和}{投资月数}$$

$$=\frac{50+46+30+45+46+60}{6}$$

$$=46.17\ 元$$

这样，投资者每股平均成本低于每股平均价格。连续购买半年后，投资者就可以2 967元的成本换取4 020元价值的股票，从中获利1 053元。

用平均成本法购买股票时，每次都以接近固定的金额购买，这样当股价较高时，购入的股票数就少；当股价较低时，购入的股票数就多。因此，在购入的总股数中，低价股占的比例就大于高价股，每股的成本就会偏低，当股价继续上升时，就会获利。如果股价波动幅度大，股价呈上升趋势，那么投资者就有更多的机会在低价时购买较多的股数，从而在股价上升中获得收益；反之，如果股价持续下跌，在整个投资期中，投资者必然要发生亏损。

采用平均成本法这种策略的最大优点是投资者只需定期投资而不考虑投资时间的确定问题，这对于刚步入证券市场的新投资者是比较适宜的。这种方法的不足之处在于：一是投资者很难获得巨利；二是如果股价持续下跌，那就必然发生亏损。

（3）固定金额投资策略。

固定金额投资策略是定式投资计划中又一种可供选择的方法。

①实施步骤。

第一步，投资者分别购买股票和债券，即把自己的投资资金分为两个部分，并分别投资于股票和债券。

第二步，把投资于股票的资金确定在某一个固定的金额上，并不断地维持这个金额。

第三步，在固定金额的基础上确定一个百分比，当股价上升使购买的股票市价总额超过该确定的百分比时，就以出售股票的增值部分来购买债券。

第四步，同时确定另一个百分比，当股价下降使股票市价总额低于这个百分比时，就以出售债券来购买股票，以弥补不足额部分。

例如，某投资者以 10 000 元资金分别投资于股票和债券各5 000元，并将股票的固定金额确定为 5 000 元，投资期限为 5 个月。该投资者决定当股价上涨，其市价总额超过固定金额的 20% 时出售股票，并把所得的资金用来购买债券；当股价下跌，其市价总额低于固定金额的 10% 时出售债券来购买股票。其情况见表 5－2 所示。

表 5-2 固定金额投资计划操作表

月份	股价指数	股票总额（元）	调整操作	债券总额（元）	所购证券的价格总额（元）
1	100	5 000		5 000	10 000
2	125	6 250		5 000	11 250
		5 000	1 250（卖出）	6 250	11 250
3	90	4 500		6 250	10 750
		5 000	500（买进）	5 750	10 750
4	92.5	4 625		5 750	10 375
5	97.5	4 875		5 750	10 625

由表中可看出，如果投资者于 1 月份购进 5 000 元股票后，到 2 月份股价上升到 6 250 元，超过固定金额的 20%，那就出售超过固定金额 5 000 元以上的 1 250 元股票，用所得的款项来购买债券；3 月份股价下降，市价总额为 4 500 元，下降幅度为固定金额 5 000 元的 10%，投资者就出售 500 元债券来购买股票，以保持股票市价总额为 5 000 元；后 4、5 月份股价上升或下跌都没有达到预定的比率，所以投资者不需要进行调整。

由上述例子可知，在固定金额投资策略中，投资者需确定三个环节：

第一，确定股票的恰当固定金额。

第二，确定适当的买卖时间表。

其确定方法有两个：

一是依据股票市价变动超过一定比率的方法；

二是利用股价指数变动超过一定比率的方法。

三是确定适当的买卖时机。确定适当的买卖时机就在于避免当股价达到高峰时买进或股价跌到谷底时卖出。

②固定金额投资策略的优点。

第一，固定金额投资策略方法简单，即投资者只要依照预定的投资计划，当股价涨至某一水平时就卖出，当股价跌至某一水平时就买进，而不必对股价的短期趋势做研判。

在通常情况下，股价的变动要比债券价格的变动大，而固定金额投资策略以股票价格为操作的目标，其操作过程遵循“逢低进”、“逢高出”的原则，即当股价高时卖出股票，股价低时买进股票，在这样不断循环的操作中，投资者是可以获利的。

从长期的投资观点看，随着经济周期性的变动，在繁荣阶段上市公司盈利增加，股价上升，同时银行存款利率也会上升，从而债券价格就会下跌。因此，卖出股票而买进债券可以在将来获得价格差额；反之，在经济萧条时期股价下跌，而债券价格上升，从而卖出债券买进股票也同样可以在将来获得利益。

③固定金额投资策略的缺点。

如果购买的股票其价格是持续上升的，当其上升到一定阶段，即达到预定的比率时投资者就出售股票来买债券，那就减少了股票投资金额在总投资额中的比例，从而失去了股价继续上升时投资者可以获得的利益；相反，如果股价持续下跌，投资者要不断地出售债券来购买股票，那也会造成不良的后果。所以，固定金额投资不适用于股价持续上升或者持续下降的股票。

2. 分段买进投资策略

分段买进投资策略根据买进的时机不同，又可分为分段买高法和分段买低法。

（1）分段买高法。

分段买高法是指投资者随着某只股票价格的上涨，分段逐步买进某种股票的投资策略。股票价格的波动很快，并且幅度较大，其预测是非常困难的。如果投资者用全部资金一次买进某只股票，当股票价格确实上涨时，他能赚取较大的价差；但若预测失误，股票价格不涨反跌，他就要蒙受较大的损失。

由于股票市场风险较大，投资者不能将所有的资金一次投入，而要根据股票的实际上涨情况，将资金分段逐步投入市场。这样一旦预测失误。股票价格出现下跌，他可以立即停止投入，以减少风险。

例如，某投资者估计某种在50元价位的股票会上涨，但又不敢贸然跟进，怕万一预测失误而造成损失。因而不愿将100 000元资金一次全部购进该种股票，就采用分段买高法投资策略。先用25 000元买进500股，等价格上涨为55元时再买进第二批；再上涨到每股60元时，买进第三批。

在这个过程中，一旦股票价格出现下跌，他一方面可以立即停止投入，另一方面可以根据获利情况抛出手中的股票，以补偿或部分补偿价格下跌带来的损失。假如投资者买进第三批股票后，价格出现下跌，这时投资者应停止投入，不再购买第四批；同时要根据股票价格下跌幅度来决定是否出售已购股票。当股票价格下跌为55元可考虑出售全部股票。这样，第三批股票上的损失可以用第一批股票上的盈利来弥补，保证100 000元本金不受损失。

（2）分段买低法。

分段买低法是指投资者随着某种股票价格的下跌，分段逐步买进该种股票的投资策略。按照一般人的心理习惯，股票价格下跌就应该赶快买进股票，待价格回升时，再抛出赚取价差。其实问题并没有这么简单，股票价格下跌是相对的，因为一般所讲的股票价格下跌是以现有价格为基数的，如果某种股票的现有价格已经太高，即使开始下跌，不下跌到一定程度，其价格仍然是偏高的。这时有人贸然大量买入，很可能会遭受重大的损失。因此，在股票价格下跌时购买股票，投资者也要承担相当风险。一是股票价格可能继续下跌，二是股票价格即使回升，其回升幅度也难以预料。

投资者为了减少这种风险，就不在股票价格下跌时将全部资金一次投入，而应根据股票价格下跌的情况分段逐步买入。

例如，某只每股50元的股票，其价格逐步上涨，当上升到每股60元时开始回跌，假如跌到每股55元，这时可能继续下跌，也可能重新回升。由于原先上涨幅度较大，使得继续下跌可能性要大于重新回升的可能性。如果某投资者在下跌时将所有的资金100 000元一次投入该股票，那么他很可能会因股票价格继续下跌而遭受较大的损失。他只有在股票价格重新回升，并超过每股55元时，才有获利的可能。如果他采用分段买低法逐步买入该种股票，就能通过出售股票来补偿，或部分补偿遭受的损失，以减少风险。当股票价格跌到每股55元时，他先买进第一批500股，待股价跌到每股50元时买进第二批，再跌到每股45元时买进第三批。这时，如果股票价格重新回升，当上升到每股50元时，投资者就可以用第三批股票来抵销买进第一批股票的损失。如股票价格继续下跌，那么也能减少投资者的损失比。如股票价格重新回升到最初的每股60元时，那么投资者就能获得较大收益。

分段买低法比较适用于那些市场价格高于其内在价值的股票。如果股票的市场价格严重低于其内在价值，对于长线投资者来说，可以一次完成投资，不必分段逐步投入。因为股票价格一般不可能长期低于其内在价值，其回升的可能性很大，如不及时买进，很可能会失去获利的机会。

3. 不同类型股票的投资策略

（1）大型股票投资策略。

大型股票是指流通市值在12亿元以上的大公司所发行的股票。这种股票的特性是，其盈余收入大多呈稳步而缓慢的增长趋势。由于炒作这类股票需要较为雄厚的资金，因此，一般炒家都不轻易介入这类股票的炒买炒卖。

对应这类大型股票的买卖策略有如下几招：

①在不景气的低价圈里买进股票，而在业绩明显好转、股价大幅升高时予以卖出。同时，由于炒作该种股票所需的资金庞大，故较少有主力大户介入拉升，因此，可选择在经济不景气时期入市投资。

②大型股票在过去的最高价位和最低价位上，具有较强支撑阻力作用，因此，其过去的高价价位和低价价位是投资者买卖股票的重要参考依据。

（2）中小型股票投资策略。

中小型股票，由于炒作资金较之大型股票要少，较易吸引主力大户介入，因而股价的涨跌幅度较大，其受利多或利空消息影响股价涨跌的程度，也较大型股票敏感得多，所以经常成为多头或空头主力大户之间互打消息战的争执目标。

根据中小型股票的特性，对应中小型股票的投资策略是耐心等待股价走出低谷，开始转为上涨趋势，且环境可望好转时予以买进；其卖出时机可根据环境因素和业绩情况，在过去的高价圈附近获利了结。一般来讲中小型股票在1~2年内，大多有几次涨跌循环出现，只要能够有效把握行情和方法得当，投资中小型股票，获利大都较为可观。

（3）成长股投资策略。

所谓成长股是指迅速发展中的企业所发行的具有报酬成长率的股票。成长率越大，股价上场的可能性也就越大。

投资成长股的策略是：

①要在众多的股票中准确地选择出适合投资的成长股。

成长股的选择，要注意以下几点：

第一，要注意选择属于成长型的行业。

第二，要选择资本额较小的股票，资本额较小的公司，其成长的期望也就较大。

因为较大的公司要维持一个迅速扩张的速度将是越来越困难的，一个资本额由5 000万元变为1亿元的企业就要比一个由5亿元变为10亿元的企业容易得多。

第三，要注意选择过去一两年成长率较高的股票，成长股的盈利增长速度要大大快于大多数其他股票，一般为其他股票的1.5倍以上。

②要恰当地确定好买卖时机。

由于成长股的价格往往会因公司的经营状况变化发生涨落，其上涨幅度较之其他股票更大。

在熊市阶段，成长股的价格跌幅较大，因此，可采取在经济衰退、股价跌幅较大时购进成长股，而在经济繁荣、股价预示快达到顶点时予以卖出。

而在牛市阶段，投资成长股的策略应是：在牛市的第一阶段投资于热门股票，在中期阶段购买较小的成长股，而当股市狂热蔓延时，则应不失时机地卖掉持有的股票。

（4）投机股买卖策略。

投机股是指那些易被投机者操纵而使价格暴涨暴跌的股票。投机股通常是国内的投机者进行买卖的主要对象，由于这种股票易涨易跌，投机者通过经营和操纵这种股票可以在短时间内赚取相当可观的利润。

投机股的买卖策略是：

①选择公司资本额较少的股票作为进攻的目标。

因为资本额较少的股票，一旦投下巨资容易造成价格的大幅变动，投资者可能通过股价的这种大幅波动获取买卖差价。

②选择优缺点同时并存的股票。

因为优缺点同时并存的股票，当其优点被大肆渲染，容易使股票暴涨；而当其弱点被广为传播时，又极易使股价暴跌。

③选择新上市或高新技术公司发行的股票。

这类股票常令人寄予厚望，容易导致买卖双方加以操纵而使股价出现大的波动。

④选择那些改组和重建的公司的股票。

因为当业绩不振的公司进行重组时，容易使投机者介入股市来操纵该公司，从而使股价出现大的变动。

需要特别指出的是，由于投机股极易被投机者操纵而人为地引起股价的暴涨与暴跌，一般的投资者需采取审慎的态度，不要轻易介入，若盲目跟风，极易被高价套牢，而成为大额投机者的牺牲品。

（5）蓝筹股投资策略。

蓝筹股的特点是，投资报酬率相当优厚稳定，股价波幅变动不大，当多头市场来临时，它不会首当其冲而使股价上涨。经常的情况是其他股票已经连续上涨一截，蓝筹股才会缓慢攀升；而当空头市场到来，投机股率先崩溃，其他股票大幅滑落时，蓝筹股往往仍能坚守阵地，不至于在原先的价位上过分滑降。

对应蓝筹股的投资策略是：

一旦在较适合的价位上购进蓝筹股后，不宜再频繁出入股市，而应将其作为中长期投资的较好对象。虽然持有蓝筹股在短期内可能在股票差价上获利不丰，但以这类股票作为投资目标，不论市况如何，都无须为股市涨落提心吊胆。而且一旦机遇来临，这种投资也能收益甚丰。长期投资这类股票，即使不考虑股价变化，单就分红配股，往往也能获得可观的收益。

对于缺乏股票投资手段且愿作长线投资的投资者来讲，投资蓝筹股不失为一种理想的选择。

4. 不同时机的投资策略

（1）新股发行时的投资策略。

新股的发行市场（一级市场）与交易市场（二级市场）是相互影响的。了解和把握其相互影响的关系，是投资者在新股发行时，正确进行投资决策的基础。

在交易市场的资金投入量一定的前提下，新股的发行，将会抽走一部分交易市场的资金去认购新股。如果同时公开发行股票的企业很多，将会有较多的资金离开交易市场而进入股票的发行市场，使交易市场的供求状况发生变化。但另一方面，由于发行新股的活动，一般都通过公众传播媒介进行宣传，从而又会吸引社会各界对于股票投资进行关注，进而使新股的申购数量，大多超过新股的招募数量，这样，必然会使一些没有获得申购机会的潜在投资者转而将目光投向二级市场。如果这些潜在投资者经过仔细分析交易市场的上市股票后，发现某些股票市盈率相对低，股价被低估，就可能转而在二级市场购买已上市股票，这样，又给交易市场注入了新的资金量。

虽然在直觉上可将一级市场与二级市场的关系作出上述简单分析和研判，但事实上，两者真正的相互影响到底是正影响还是负影响，是一级市场影响二级市场，还是二级市场影响一级市场，要依股市的当时情况而定，不能一概而论。

一般来说，社会上的游资状况，交易市场的盛衰，以及新股发行的条件，是决定一级市场与二级市场相互影响的主要因素。其具体表现是：

①社会上资金存量大、游资充裕、市况好时，申购新股者必然踊跃。

②市况疲软，但社会上资金较多时，申购新股者往往也较多。

③股票交易市场的市况好，而且属于强势多头市场时，资金拥有者往往愿将闲钱投在二级市场搏击，而不愿去参加新股申购碰运气。

④新股的条件优良，则不论市况如何，总会有很多人积极去申购。

在我国目前的市况下，投资者可根据新股发行与二级市场的关系，灵活地进行相机抉择。

（2）新股上市时的投资策略。

新股上市一般指的是股份公司发行的股票在证券交易所挂牌买卖。新股上市的消息，一般要在上市前的十来天，经传播媒介公之于众。新股上市的时期不同，往往对股市价格走势产生不同的影响，投资者应根据不同的走势，来恰当地进行投资决策。当新股在股市好景时上市，往往会使股价节节攀升，并带动大势进一步上扬。因为在大势造好时新股上市，容易激起股民的投资欲望，使资金进一步围拢股市，刺激股票需求。

此外，新股上市时，投资者还应密切注视新上市股票的价位调整，并掌握其调整规律。

一般来说，新上市股票在挂牌交易前，股权较为分散，其发行价格较低。即使是绩优股票，其溢价发行价格也往往低于其市场价，以便使股份公司通过发行股票顺利实现其筹资目标。因此，在新股票上市后，由于其价格往往偏低和需求较大，一般上市挂牌价位都会比发行价高。只有大盘极差情况下，才会出现破发情况。

新股上市价格，大体上会出现如下几种情况：

①股价一步到位，然后维持在某一合理价位进行交易。此种调整价位方式，是一口气将行情做足，并维持其与其他股票的相对比价关系，逐渐地让市场来接纳和认同。

②新股开盘价偏高，继而回跌，再维持在某一合理价位进行交易。将行情先做过头，然后让它回跌下来，一旦回落到与实质价位相配时，自然会有投资者来承接，然后依据自然供求状况进行交易。

③股价调整到合理价位后，滑降下来整理筹码，再做第二段行情调整回到原来的合理价位。这种调整方式，有涨有跌，可使申购股票中签的投资者卖出后获利再进，以致造成股市上的热络气氛。

④股价先调整至合理价位的一半或2/3的价位水平后，即予停止，然后进行筹码整理，让新的投资者或市场大户吸进足够筹码，再做二段行情。此种调整方式，可能使心虚的投资者或心理准备不充分的股民减少盈利，但有利于富有股市实践经验的投资老手获利。由此可见，有效掌握新股上市时的股价运动规律并把握价位调整方式，对于股市上的成功投资者是不可缺的。

（3）分红派息前后投资策略。

股份公司经营一段时间后（一般为一年），如果营运正常，产生了利润，就要向股东分配股息和红利。

其交付方式一段有三种：

①以现金的形式向股东支付，这是最常见、最普通的形式。

②向股东赠送红股，采取这种方式主要是为了把资金留在公司里扩大

经营，追求公司发展的远期利益和长远目标。

③实物分派，即是把公司的产品作为股息和红利分派给股东。这种方式，我国目前还不多见。

在分红派息前夕，持有股票的股东一定要密切关注与分红派息有关的4个日期，这4个日期是：

①股息宣布日。

股息宣布日，也就是公司董事会将分红派息的消息公布于众的时间。

②派息日。

派息日，也即股息正式发放给股东的日期。

③股权登记日。

股权登记日，即统计和确认参加本期股息红利分配的股东的日期。

④除息日。

除息日，即不再享有本期股息的日期。

在这4个日期中，尤为重要的是股权登记日和除息日。由于每日有无数的投资者在股票市场上买进或卖出，公司的股票不断易手，这就意味着公司的股东也在不断变化之中。因此，公司董事会在决定分红派息时，必须明确公布股权登记日，派发股息就以股权登记日这一天的公司名册为准。凡在这一天的股东名册上记录在案的投资者，公司承认其为股东，有权享受本期派发的股息与红利。

至于除息日的把握，对于投资者也至关重要。由于投资者在除息日当天或以后购买的股票，已无权参加本期的股息红利分配，因此，除息日当天的价格会与除息日前的股价有所变化。一般来讲，除息日当天的股市报价就是除息参考价，也即是除息日前一天的收盘价减去每股股息后的价格。

例如，某种股票计划每股派发2元的股息，如除息日前的价格为每股11元，则除息日这天的参考报价就是9元（11元-2元）。

掌握除息日前后股价的这种变化规律，有利于投资者在购股时填报适合的委托价，以有效降低其购股成本，减少不必要的损失。

（4）多头市场除息期投资策略。

多头市场是指股价长期保持上涨势头的股票市场，其股价变化的主要特征为一连串的大涨小跌变动。要有效地在多头市场的除息期进行投资，必须首先对多头市场的“除息期行情”进行研判。

多头市场“除息期行情”最显著的特征是：

①含权的股价，随着除息交易日的逐渐接近而日趋上升，这充分反映了股息收入的时间报酬。

②除息股票往往能够很快填息，有些绩优股不仅能够“完全填息”，而且能够超过除息前的价位。

根据上述“除息期行情”的特征进行分析研判，可以得出多头市场的以下几点结论：

①股利的时间价值受到重视，即在越短的时间领到股利，其股票便越具价值。所以反映在股价上，就是出现逐渐升高的走势。

②股票除息后能够很快填息，因此，投资者愿意过户领息，长期持股的意愿也较高。

③行情发动初期，由业绩优良、股息优厚、市盈率很低的股票带动向上拉升；接着，价位较低却有股利的股票调整价位；最后，再轮到含权绩优股挺扬冲刺。

④股市行情一波接着一波上涨，一段挨着一段跳升，轮做的迹象十分明显。选对了股票不断换手可以赚大钱，抱着股票不动也有“获利机会”，因此，投资者一般都不愿将资金撤出股市。

⑤由于在早期阶段市盈率偏低，大批投资者被吸引进场，随着股价的不断向上攀升，使得市盈率变得愈来愈高。

掌握了多头市场“除息期行情”这种变化特征，投资者如何进行操作也就不说自明了。

八、炒股小技巧

1. 选股技巧

炒股离不开选股，选择热门股，你的盈利可超过大市升幅。若一旦选择的是冷门股或“死股”，就可能大市升而你投资的股票不涨反跌，因此，选股很重要。

（1）要想捕捉到热门股，首先必须能够较为准确地预测出股市上热门股的兴衰，并及时果断购进。

一般情况下，公司盈余受经济周期循环影响很大。热门股由此也就与经济周期密切相关，这种相关性通过认真研究各个行业与经济周期循环的关系来加以相应的确定。因此，如果你能够较为准确地预测出热门股的兴起，并及时购进，即有可能获得较为优厚的利润。反之，则有被套牢的可能性。

（2）热门股并不是一成不变，切莫吊死在一棵树上。

由于热门股难以选择，因此，有些人一旦买到了热门股或成长股，便死抱着不放，尽管这些原来赚钱的股票已经变为呆滞股或退化股，但他还是希望它们有朝一日东山再起。诚然，某种热门股可能会持续几个月、甚至几年，但是，那些由投资者的预期心理支撑起来的热门股也必然会变。它的变更常常比大多人所预料的还要快。为此，投资者在热门股流行时尽可以利用它赚钱，但也应随时做好更替的准备，切记顺势操作，不要死死抱住不放。

（3）股市是以对未来的预期为运作基础。

热门股之所以“热”，固然有其客观基础（如绩优股、成长股等），但与投资者的主观想法也很有关系。重大政治或经济事件的发生，往往会对股市行情产生影响。要想学会在潜在的热门股热起来之前就抓住购买的良机，就必须首先了解投资者对事件的看法，探寻他们对哪些股票感兴趣，对哪些股票丧失了信心。在股市上常常会出现这样的情况，即当大多数投资者对某种股票持悲观态度时，则上市公司的业绩再好也是枉然。

（4）充分利用技术分析手段顺势操作。

最精彩的顺势操作，实际上并不是随股市行情之走势操作，而是随着投资者兴趣之“势”操作。当然，这样操作必须借助技术分析这一研判股市市势的重要工具。股票投资者可通过这种分析见微知著，运筹帷幄，预知股市大势的走向，降低投资风险。

2. 买入股票的技巧

良好的买进时机就是股价全部下跌时。若在股价便宜时买进，即使以后再下跌，也跌不了多少，可以放心购买，因为亏损程度较小。当整个股市的价格暴跌之后，就是最佳的买进时机。有些人认为又不是做全部股票的买卖，何必在意整个行情呢？可是，只要全体股价下跌，个别股也会遭受波及的。一旦暴跌之后，无论买什么股都会获利。

低价买进，高价卖出，才是股票投资的基本策略。但是，从事股票投资最难掌握的便是时机，买进同类型的股票，有人赚钱，有人亏损。亏损者即时机掌握不对，获利者即握紧适当的时机。股价涨跌的时机，在事后是很容易明白的，可是在当时却很难把握，这便是股市投资神秘之处，因此，股票投资者要善于总结经验教训。

（1）低价买进。

等到股价跌落谷底，而不容易回升时买进，这是股票投资的一个良机，然后静静地等待一阵子，就可能获得很好的报酬。股价一方面有过于悲观的趋势，另一个方面也有相当乐观的趋势。可是这也不是绝对没有弹性的。比方说，到了股市不景气的后半期，悲观的程度可以减少，股价将由跌而涨。如果再加上景气复生的情势，投资人就可持更乐观的态度。这种由悲观转乐观的情绪，受到当时环境的支配，而且往往能发展出令人无法想象的暴涨行情。也许这种现象较不寻常，但投资者在“股市萧条时买进”的原则，是不会错的。另外在股市不景气时买进，也是一个办法，因为我们无法预测股价何时会上涨，但它总有一天会止升的。

（2）高价买进。

高价买进战略是短期投资的一种乐趣。以高价买进的战略若要成功，必须具备四个条件：

①买进的股票必须具备了良好的预期。这类股票富有良好的预期及获利率高等特点，股价将会随着这些因素变动，一旦下跌，还是可能再度成为人们争购的对象。

②必须是行情看涨时。只要在行情看涨期，即使目前不受投资人欢迎，但却可能提早恢复股票的知名度。

③选择公司业绩良好的股类。在市场不景气时，这些股可能被冷落；一旦景气复苏时，那些公司的业绩也会迅速恢复，其股价通常会大大上扬的。此时采取高价买进的策略一定会成功。

3. 调换股票技巧

换股是投资者常用的一种操作手法，但换股也有风险。表现在有的投资者不了解股票的真实情况，按主观意志或表面现象换股，结果将好股换成差股，未能获得差价反而损失市值；还有的投资者换股时卖出后未及时买进，或者买进后未及时卖出，结果大市突然变化导致重大损失。换股可以为自己调整和优化投资结构，总结经验教训，改正操作失误提供极好的机会。没有只跌不涨的股市，如果投资结构优化，那么一旦大市反转，投资者不但能补回损失。而且能走在大市前面，得到更多的获利机会。另外，如果操作得好，换股还可获得一定的短线收益。

换股是将业绩差、走势弱、不活跃的股票换成业绩好、成交活跃、在强市中有出色表现的股票，或者获取短线收益。

换股分炒作换股和结构换股。

炒作换股是通过换股获取短线差价，是在基本情况和业绩相关不大的股票之间进行的短线炒作行为。因此，换入股票的对象是保值率较低而活跃系数较高的股票，换掉的股票是保值率较高而活跃系数较低的股票。

结构换股的目的在于调整投资结构，用于性质和业绩差异较大的股票之间进行转换，属于一种较长线的行为。因此，所换进的股票应是业绩好、保值率和活跃系数均较高的股票。

在确定换股目标时，必须作认真分析和研究，以确认所换股票业绩稳定、优良、有发展前途，无重大利空因素存在、否则将冒一定的风险。

投资者在选择好转换的股票之后，就要进行市场操作来实现换股，换股时还需遵循一定的方法，以便尽可能获得短线收益和避免风险。

①如果操作的股票挂单较少，可先将挂单少的股票处理（买或卖），然后依大市运行方向挂单，实现高卖低买。

②如果大市在下跌，应先卖出再买进；如果大市在上升，应先买进再卖出；如果大市运行不明，就应该同时挂单买进和卖出，有必要时就得动用持币量作为换股时的暂时垫支。

③换股时如果发现所操作的股票有异动（有大批买单或卖单），就要立即判明原因和采取行动（撤单或加码），以免失去良机。

④如果对换股结果信心不足，可先试行部分换股，看看结果如何再说。

4. 卖出股票技巧

刚进股票市场的投资人在向老手请教时，炒股老手常说："投资股票最简单不过，逢低买进，逢高卖出。"到底什么时候卖出股票最好呢？如果你想以高价卖出是很不容易的，但想要使自己有利可图，就要尽量以高价卖出。

（1）持有股的卖出次序。

要将持有股卖出时，应按照当时自己最不愿持有的股票依次处理。

当投资人在需要钱用而想卖出股票时，一般的方法是把正在上涨的股票先卖出，而将下跌的股票留下。另外一种方式是先处理亏损股。这两种方法是完全相反的，两者的结果可能有很大差别。暂时忘掉所持有股的买价，把你现在还想买进的股票持有，不想买的就卖出。根据趋势理论，涨势良好的还会继续它原有的趋势，反之亦然。

（2）股价较高时最好卖出。

依股类的不同，买进时最好先制定一个令自己满意的卖出目标。当然这个价格是以不使自己利益受损为原则，当股市行情到了自己预期目标时，就不要再等了，赶紧卖出，千万别太贪心。自己预期的目标已达到了，而还要继续等下去，期待股份会涨得更高．这种心态是要不得的。其次要注意的是，和其他股类比较看看，假如你持有的股份比别的股高，则必然考虑到这可能只是反弹现象，当然其中有些股可能会一枝独秀地暴涨着，但你可别过分妄想自己所持股也会如此。每一种股票都有它的习性，大多数都是涨多少幅度跌多少幅度，反复着过去的股价，很少会脱离这一轨迹。与其他股份相差太大是很少见的，从事股票投资千万不要期待有任何奇迹出现，尽量避免几率低的情形，只要自己持有股的股价涨高了，也便是该卖出的时候了。

5. 巧用涨跌停板

（1）封死跌停和封死涨停时应注意什么。

涨跌停板制度是对每只个股当日的价格波动进行限制。目前规定每只证券涨跌限价的计算公式：（1＋10%）×上交易日的收市价。

实行涨跌停板制度之后，我们可以看到“封死跌停”、“封死涨停”的现象。“封死跌停”是指沽空力量在跌停价格水平上堆积大量卖盘，使买方不能突破此价格水平，便封住了其他持仓人出逃的可能，在缺乏沽空机制的情况下“封死跌停”较不易做到。“封死涨停”的含义与此正好相反，它是指多方在收市价格增加10%的价格水平上挂出大量买盘，顶住抛压，使价格始终维持在此水平上。

应该注意到，在交易价格达到涨跌幅度限制时，在此价格水平上仍可以成交。

在停板制度下，如果买盘汹涌而沽仓不济，价格直抵涨幅高限，则会出现后报买盘无法成交的情况；相反在抛盘相对于买盘过剩时，则会出现持仓卖单欲抛不能的现象。因此，“时间优先”原则在这种制度下会显得十分重要。

（2）涨跌停板制度有何特点。

涨跌停板制度一般说有助涨助跌、技术指标失真、板块联动加强、小盘股受关注和对散户不利的特点。

①助涨助跌。

涨跌停板制度在上升过程中助涨，在下跌过程中助跌。因此市场波动的方向感将更加明显，趋势性不断增强。尤其是市场运行的某种趋势一旦确认后，其间的反弹或调整均将趋短，而盘中市场波动和多空分歧则会变小，无量空涨或无量阴跌的市场情况出现的可能性加大。

虽然该制度既助涨又助跌，但其助涨的能力要大于助跌。这是由于在T+1的交易制度下，股票当日仅能抛空一次便被当日锁定，而当日抛空股票后资金却可当日使用，因此在下跌行情中当日的成交量占流通筹码的比重越大，可供继续打压的筹码就越少，当日反转的概率也就增大，多头资金被套便死守的思维减轻了沽空的压力；对于上升行情来讲，特别是有主力介入的股票，由于筹码的相对锁定，只要主力不撤庄，沽空力量就相对有限，而担心踏空的心理则会促使小散户去追涨，壮大了升势。

②技术指标失真。

实行涨跌幅限制后，位于涨跌停板上的个股，其成交量的增减已不能说明问题。因此，我们说技术指标失真主要指“成交量”和“能量潮”指标不真实，因为触及停板价后，买盘或卖盘会因为其处于跌停或涨停而无挂盘。至于以成交量为基础、对判断个股及大势极为有效的“能量潮”，也因成交量的不真实而失真。其次，很多涉及成交量的指标如成交量比率（VR）、指数点成交值（TAPI）等都因成交量的不真实而变为不真实。另外，看起来与成交量变化关系不大的一些技术指标，如人气指标（AR）、买卖意愿指标（BR）、随机指标（KDJ）值等，也因为涨跌幅度限制，影响到开盘价、收盘价等的异常变化而受到影响。可以说，因为涨跌幅度限制的实施，给技术分析带来了新的困难。

③板块联动加强。

在市场及个股波动形成明确的趋势后，特别是在上升行情中，市场热点转化的速度有可能加快，板块联动性亦将加强。由于股票日升幅最大为10%，因此当某一热点形成强势上攻并涨停之后，市场资金必然会在盘中寻找题材相近的其他个股介入，从而形成板块联动的效果。而当某一板块形成的连续涨停、无法介入的情况时，市场资金只能寻找其他的个股题材或机会，热点就会转移。

从更大的联动效益看，深沪两个市场也会联动，两个市场的走势及波幅将趋于平均化。

④小盘股受关注。

由于盘子小，主力可用较少的资金便可以达到控盘的目的，而借拉高小盘股来吸纳同板块其他股票来达到出货的目的，同样也可借打低小盘股来吸纳同板块其他个股以实现吸纳的意图。

如果盘子小的品种兼而具备价格低廉和业绩不俗的优势的话，在涨跌停板交易规则下，会出现“筹码稀缺”现象，在市场波动中将处于有利地位。

⑤对散户不利。

涨跌停板制度为市场主力提供了更强的诱多、诱空、洗筹的能力。市场相对固定的波动空间一旦确认，主力可能利用两个停板位置之间的幅度，进行盘中震荡清洗筹码，而更重要的是主力通过控盘可以利用停板的假象来制造多头陷阱或空头陷阱，即当主力希望出货时可以先将股价拉至涨停板，诱散户跟入，而后向下出货，此时散户中出现的抄底心理会使主力出货相对容易；而当主力吸筹时，也可将股价先杀至跌停板，并大量封杀股价，在市场中制造恐慌气氛，当跌停价位累积一定卖盘后，再对敲打开停板，将股价拉起，而此时利用散户急于离场的心理可能更方便地吸足筹码。

（3）涨停板怎样操作。

股票涨停板时的原因各异，且主力操盘思路变化多端，以下说明一些操作方法。

①涨停诱多。

当大盘在跌势中，一开盘就涨停的个股，理应卖出，如量比前一天的大，最低价比前一天的更低，就更应该卖出。

因为当大势处在跌势中，任何暴涨都可认为是主力在出货，在大势反弹或利好消息谣传中，主力利用散户喜欢追涨的心理．一开盘或开盘后半小时内拉至涨停板，并维持到收盘。这类股往往是前段时间的明星股、强庄股，主力在明处告之散户要拉．但暗处却脚底抹油。

②拉升刚开始。

在强势中，机构的运作形态同普通投资者一样，是非常乐观的，因此其短线发动的最大特征就是涨停开始，不少机构操盘手在决定发动总攻时，总是“先拉一个涨停板”。

由于在大盘处于强势的时候，越是走势强劲的个股，其跟风助涨的资金越多，抛压也越轻，在这种情况下，多数机构会采取连续拉升的办法。

③涨停后的次日。

在沪深两市中，每日出现或能够达到涨停板的个股屡见不鲜，但其中很多个股在涨停板后，往往并不急于拉升，而是在次日高开后，有下探动作，下探多者可探至涨停板收盘价的5%以下，甚至更多，因此，这往往给人一种庄家已跑货出局的感觉。但事实却相反，此类股票不但不进一步下跌，反而会走出一番大行情。此类个股庄家操作上不温不火．比较沉稳，因而此类股边震荡边拉升，大涨小回，也就孕育着更多的机会。

从K线上分析，涨停板（或短上影大阳线）说明此类个股较为活跃，让庄家暴露得一览无余，也透彻地表明了庄家强势上攻的战略意图。次日高开后，其快速下探更大的可能是洗盘震仓，而极小的可能是出货，因此，这类个股股价只是略作下探，如同蜻蜓点水，在消化获利盘和震仓后，便可顺利企稳，并再发起一番升势。

（4）跌停板怎样操作。

跌停板一般都是由于重大利空或主力为了快速建仓时采用的打压法而产生的，使其能在一天之内建仓完毕，但有时跌停会一连几天。何时跌停可以买，何时不可以买．这是由当时的大盘局势加之主力的操作意向所决定的。尽管主力手法千变万化，但也仍有一定的规律可循，掌握其规律，即可减少失误的次数，增加赢的机会。

一直处于跌停的股票，今天先跌停后打开或开低后上升，且放量打开跌停，即为买入机会。由于股价一路杀跌，量缩，今日又跃停再打开表明市场杀跌的人少，多方已开始反攻，当放量打开跌停后再稳步上升，表示主力已回头杀入。

对于大多数股民来说，在跌停时买入是有一定风险的。一般而言跌停板后还有惯性下跌，要介入应该采用分批增量的方法。

6. 短续操作技巧

（1）对短线操作者有何要求。

短线投资一般持股时间不长，短则一两天，长则一两周。投资者一般希望股票在短期内能大涨起来，利用个股较大的波动来牟取差价。因此，短线操作对投资者要求较高．需具备以下条件。

①具有良好的心理。

这是短线制胜的先决条件，在进行操作决策时要胆大、心细、果断，同时有风险承受能力。

②相当熟悉市场。

这需要做到对大多数股票有一般性了解（即通常所说的公司业绩、财务以及经营的基本状况），对三分之一到半数的个股有较深入的了解（除更详细的一般性内容外，还要了解公司的发展历史、股票历史走势以及未来发展前景等等）。

③对市场的敏感程度强。

即把握市场脉搏，追逐市场热点的准确度高，这一点是基于对市场十分熟悉的基础上升华而来的。

（2）怎样把握短线买点。

作为短线选股主要方式是技术分析，尤其是对图形的研判。

①一般短线，指持仓时间在三天以上，二周以内。其分析对象是日K线价量组合分析，而不是日K线技术指标分析，如果能搞清楚价量本身的关系，技术指标分析的作用就会弱得多，更何况技术指标都有反应滞后的共性，有时甚至出现背离，难以达到短线的要求。

一般短线炒作分为两种方式，追涨和抄底做反弹。

追涨是一般投资者通常选择的方式，但却是风险较大的一种。一般可按下面方法操作：

5日均线行情的股票选择：在调整第三天介入。

10日均线行情的股票选择：在调整第八天介入。

抄底是难度较大，但比较安全的一种短线操作方式。通常投资者最常问的问题就是——底在何方？我们可以利用5日乖离率、黄金分割和成交量或换手率来判断。

②超短线，指持仓时间不超过三天的投机活动。其分析对象是分时走势，分笔成交（分时表）、分价表、买卖盘挂单。

（3）怎样把握短线卖点。

短线操作中对量的判断往往比对价的判断重要得多，尤其是在卖出的时候更是如此，在量的判断中量价背离、换手率很重要。

换手率≤3%，为个股休眠期，通常不必考虑。换手率在5%～6%的水平可以推动股票上涨，这是短线要关注的时期。换手率≥10%时通常有长阳出现，此时应为卖出时间。换手率≥30为特殊情况，需个别对待。

此外卖出也可以在达到某种目标位后，不论是否继续上涨均了结出局。一次短线5%的获利即是成功，10%的获利是通常的目标，20%以上的获利通常是可遇不可求。

7. 长线操作有何技巧

长线操作应注意介入的最佳点、选股、持有时间。

（1）介入的最佳点。

这是获利的关键。如果你是在风口浪尖上买的股票，在茫茫的下跌途中，你所处的景况应称为“套牢”，而不是长线投资。因此，在合理的价位进行投资，是长线操作的关键性因素。

（2）选股。

长线投资是看重股票的成长性，预期未来收益增长。如果一家上市公司盈利水平连年下降，且公司又没有改变这种状况的打算，即使你介入时是相对的低位，其未来的涨升也会十分有限。这时候，就应该对上市公司的基本面情况多加研究。选择一些成长性好，收入稳定的股票作为长线投资的品种。

（3）持有时间。

当一只股票股价逐步走高时，就不应再继续持有，而应当选择一个适当的价位派发出去，并不是只有持有就能获利。

操作长线，主要有高抛低吸的技巧，做波段行情，一个波段可持续一年以上。一个长期趋势既包括上涨趋势的多头市场也包括下降趋势的空头市场。多头市场的每一个上升波平均水平高于前一上升波的平均水平，这时可以持有股票。在长期趋势中往往会出现波动，主要原因是股价连续上涨一段时间后，低价买进的投资者在落袋为安的心理驱使下，卖出获利了结，因而形成上档卖压，此时投资者最好暂时减仓出局，等待回调再行介入，一般来说回档的幅度可达到前一次上升幅度的三分之一。

进行长期投资时，在长期上涨趋势的底部和中部都可以买入，买入后持有到高位卖出即可获利，只要对长期趋势预测正确，不管在股价到达高位前有多少次中期性回档，都要坚信股价还会反弹，等到最后的卖出时机定会有丰厚的收益，只是中途回档时可以多赚些差价。

8. 解套技巧

“套牢”指的是投资者预期股价上涨，但买进股票后，股价下跌，使买进股票的成本高出目前可以售得的市价。

任何涉足股市的投资者，不论其实战经验多么丰富，都存在着被套牢的可能性。解套策略是投资者在高价套牢后所寻求的解脱方法。解套策略主要有以下五种。

（1）停损了结。

即把所持股票全盘卖出，以免股价继续下跌而遭受更大损失，否则越套越深。这种策略主要适合于投机为目的的短期投资者，或者是持有劣质股票的投资者。因为处于跌势的空头市场中，持有劣质股票时间越长，带来的损失也将越大。

（2）弃弱择强。

即忍痛将手中弱势股抛出，并换进市场中刚刚发动的强势股，以期通过涨升的强势股的获利，来弥补在套牢中所受损失。这种策略适合在发现所持股已为明显弱势股，短期内难有翻身机会时采用。

（3）拔档子。

即先停损了结，然后在较低的价值时，予以补进，以减轻或轧平上档解套的损失。

（4）向下摊平。

即随股价下挫幅度扩大时反而加码买进，从而摊低购股成本，以待股价回升获利。采取此项做法必须以确认整体投资环境尚未变坏，股市并无由多头市场转入空头市场为前提，否则，极易陷入愈套愈深、愈套愈多的窘境。

（5）不卖不赔。

在股票被套牢后，只要尚未脱手，就不能认定投资者已亏本。如果手中所持股票均为品质良好的绩优股，且整体投资环境尚未恶化，股市走势仍未脱离多头市场，则大可不必为一时套牢而惊慌失措，此时应采取的方法不是将套牢股票卖出，而是持有股票以不变应万变，静待股价回升解套之时。

第六章

让保险给我们一份保障

丘吉尔曾经说过："如果我办得到，我一定把保险两个字写在家家户户的门上，公务员的手册上，公司的章程上。因为我相信通过每个家庭、每个公务员、每个团体只要付出微小的代价，就可免遭万劫不复的灾难。"

另外一个名人杜鲁门则说："我一直是人寿保险的信仰者，即使一个穷人，也可以用寿险来建立一项资产。当他创造了这项资产，他可以感觉到真正的满足，因为他知道倘若有任何事情发生，他的家庭都可得到保障。"

正所谓："天有不测风云，人有旦夕祸福。"人生面临很多的风险，未雨绸缪总是明智的。

在理财中，保险虽然不是最好的增值品种，但却是最好的保障品种。尤其在目前社会保障不能完全满足个人养老、医疗需求的情况下，个人需要考虑购买一些保险，为自己和家庭将来可能发生的风险做一些基本保障。

小案例

今年25岁的王林，在一家房地产公司担任客户经理，年薪加分红在10万元以上。这在同龄人中是相当不错的收入了，看着银行里的存款一个月比一个月高，王林很是得意，觉得周围的同事今天聊保险、明天又选基金，真是有点瞎折腾。自己的收入那么高，存在银行里，又安全又省心，有什么不好呢？所以王林从来不会听公司组织的理财咨询课，同事们纷纷购买商业保险，他也从来不参与。

然而，天有不测风云。一次驾车游玩时，王林不小心伤了腿，需要手术治疗，并卧床几个月，这下子，光是手术费、住院费、生活费就要十几万元。而王林的所有存款也不过七八万元而已，好歹公司还有医保，但是也才一万多元。没有办法，王林只好去借，东拼西凑总算把救命钱给拿出来了，算是救了急。此时的王林是追悔莫及，他恨自己没有未雨绸缪，本来只花几千块钱办个保险就可以解决的问题，结果现在倒好，不但自己从前的积蓄被一笔勾销，还成了“负翁”。他从这件事上长了记性，开始掌握保险及各种理财手段，为自己规划一个稳定的未来。

与王林相类似的境遇，我们也经常可以在报纸上见到。比如，年收入几十万元的白领因为一场重病而倾家荡产，被打入社会底层的故事屡见不鲜。也许，这样的事情不降临到自己的头上，是谁也不会意识到它的存在的。

保险不仅是一种保障，也是人生的长期投资，是金融理财的一种必要安排。人们常说“不怕一万，就怕万一”。在人生的路途中，生老病死是正常的自然规律。而对于我们现在已拥有的财产和利益，同样也面临各种各样的自然灾害和意外事故。因此，个人和家庭都应该提前做好准备，只有如此，才能防患于未然。保险这种工具. 可以让我们在支付少量的金钱的情况下，换取一个较大数额的经济保障，当我们发生不幸的事故时，可以得到一笔大额的经济补偿。而且，通过保险对家庭财务进行规划，使保险成为一种理财的工具，正在被越来越多的人所认识和接受。

一、保险的作用

1. 转移风险

买保险就是把自己的风险转移出去，而接受风险的机构就是保险公司。保险公司接受风险转移是因为可保风险还是有规律可循的。通过研究风险的偶然性去寻找其必然性，掌握风险发生、发展的规律，为众多有危险顾虑的人提供了保险保障。

2. 均摊损失

转移风险并非灾害事故真正离开了投保人，而是保险人借助众人的财力，给遭灾受损的投保人补偿经济损失，为其排忧解难。保险人以收取保险费用和支付赔款的形式，将少数人的巨额损失分散给众多的被保险人，从而使个人难以承受的损失，变成多数人可以承担的损失，这实际上是把损失均摊给有相同风险的投保人。所以，保险只有均摊损失的功能，而没有减少损失的功能。

3. 实施补偿

分摊损失是实施补偿的前提和手段，实施补偿是分摊损失的目的。

其补偿的范围主要有以下几个方面：投保人因灾害事故所遭受的财产损失；投保人因灾害事故使自己身体遭受的伤亡或保险期满应结付的保险金；投保人因灾害事故依法对他人应付的经济赔偿；投保人因另一方当事人不履行合同所蒙受的经济损失；灾害事故发生后，投保人因施救保险标的所发生的一切费用。

4. 抵押贷款和投资收益

保险法中明确规定："现金价值不丧失条款。"客户虽然与保险公司签订合同，但客户有权中止这个合同，并得到退保金额。保险合同中也规定客户资金紧缺时可申请退保金的90%作为贷款。如果您急需资金，又一时筹措不到，便可以将保险单抵押在保险公司，从保险公司取得相应数额的贷款。

同时，一些人寿保险产品不仅具有保险功能，而且具有一定的投资价值。就是说，如果在保险期间没有发生保险事故，那么在到达给付期时，您所得到的保险金不仅会超过您过去所交的保险费，而且还有本金以外的其他收益。由此可以看出，保险既是一种保障，又兼有投资收益。

二、保险的基本分类

1. 按保险标的或保险对象划分

按保险标的或保险对象划分，保险主要分为财产保险和人身保险两大类。这是最常见的一种分类方法。

（1）财产保险。

财产保险以物质财产及其有关利益、责任和信用为保险标的。当保险财产遭受保险责任范围内的损失时，由保险人提供经济补偿。

财产分为有形财产和无形财产：厂房、机械设备、运输工具、产成品等为有形财产；预期利益、权益、责任、信用等为无形财产。与此相对应，财产保险有广义和狭义之分。广义的财产保险是指以物质财富以及与此相关的利益作为保险标的的保险，包括财产损失保险、责任保险和信用（保证）保险。狭义的财产保险是指以有形的物质财富以及与此相关的利益作为保险标的的保险，主要包括火灾保险、海上保险、货物运输保险、汽车保险、航空保险、工程保险、利润损失保险和农业保险等。

（2）人身保险。

人身保险以人的寿命和身体为保险标的，并以其生存、年老、伤残、疾病、死亡等人身风险为保险事故。在保险有效期内，被保险人因意外事故而遭受人身伤亡，或在保险期满后仍然生存，保险人都要按约给付保险金。人身保险包括人寿保险、人身意外伤害保险和健康保险等。

2. 按承保的风险划分

根据承保风险的不同，保险可划分为单一风险保险和综合风险保险。

单一风险保险是指仅对某一可保风险提供保险保障的保险。例如，水灾保险仅对特大洪水事故承担损失赔偿责任。

综合风险保险是指对两种或两种以上的可保风险提供保险保障的保险。综合保险通常是以基本险加附加险的方式出现的。当前的保险品种基本上都是具有综合保险的性质。例如，我国企业财产保险的保险责任包括火灾、爆炸、洪水等。

3. 按保险的实施方式划分

按保险实施方式，可分为强制保险与自愿保险，商业保险与社会保险。

（1）强制保险与自愿保险。

强制保险是国家通过立法规定强制实行的保险。强制保险的范畴大于法定保险。法定保险是强制保险的主要形式。

自愿保险是投保人根据自身需要自主决定是否投保、投保什么以及保险保障范围。

（2）商业保险与社会保险。

商业保险，又称金融保险，是指按商业原则所进行的保险，以盈利为目的。具体而言，是指投保人根据合同约定，向保险人支付保险费，保险人对于合同约定的可能发生的事故因发生所造成的财产损失承担赔偿保险金责任，或者当被保险人死亡、伤残、疾病或者达到合同约定的年龄、期限时承担给付保险金责任的保险作为。

社会保险是指国家通过立法强制实行的，由个人、单位、国家三方共同筹资，建立保险基金，对个人因年老、工伤、疾病、生育、残废、失业、死亡等原因丧失劳动能力或暂时失去工作时，给予本人或其供养直系亲属物质帮助的一种社会保障制度。社会保险具有法制性、强制性、固定性等特点，每个在职职工都必须实行的，所以，社会保险又称为（社会）基本保险，或者简称为社保。

社会保险按其功能又分为养老保险、工伤保险、失业保险、医疗保险、生育保险、住房保险（又称住房公积金）等。

（3）商业保险与社会保险的主要区别。

商业保险与社会保险的主要区别在于：

①商业保险是一种经营行为，保险业经营者以追求利润为目的，独立核算、自主经营、自负盈亏；社会保险是国家社会保障制度的一种，目的是为人民提供基本的生活保障，以国家财政支持为后盾。

②商业保险依照平等自愿的原则，是否建立保险关系完全由投保人自主决定：而社会保险具有强制性，凡是符合法定条件的公民或劳动者，其缴纳保险费用，接受保障，都是由国家立法直接规定的。

③商业保险的保障范围由投保人、被保险人与保险公司协商确定，不同的保险合同项下，不同的险种，被保险人所受的保障范围和水平是不同的，而社会保险的保障范围一般由国家事先规定，风险保障范围比较窄，保障的水平也比较低。这是由它的社会保障性质所决定的。

三、购买保险的原则

1. 为最重要的人购买

保险应该为家里最重要的人买，这个人应是家庭的主要经济支柱（三四十岁的人最应该购买保险，因为上有老下有小，肩上的责任最重）。购买保险，应考虑到如果家庭中的主要经济支柱遭遇意外和疾病，如何保障家庭的生活，缓解由此带来的家庭生活危机。

对于家庭支柱，建议首先考虑购买含重大疾病的保障型险种，并附以较高比例的意外险和医疗险。如果已经有意外险和保障型险种，也应适当提高保险金额。比如，如果一个家庭有30万元的房贷，则至少应购买保额为30万元的死亡及意外险。万一真有什么不幸，可以由保险公司来支付余下的房贷，不至于使家庭其他成员由于没有支付能力而流离失所。

有些人为孩子的将来担忧，给孩子购买大量的保险，其实是不合适的。毕竟，一旦家里的主要经济来源出了问题，为孩子买了再多保险也于事无补。但是，如果孩子尚未成年，那么由于他们抵御外界风险能力较低，容易发生疾病或意外，还是建议给孩子购买一定比例的医疗险和意外险。

2. 保障类优先

买保险一般应按下面的顺序：

意外（寿险）→健康险（含重大疾病、医疗险）→教育险→养老险→分红、投连、万能

在选择保险品种时，应该先选择终身寿险或定期寿险。前者会贵一些，主要是为避遗产税；后者一般买到55～60岁，主要是为了保证家庭其他成员，尤其是孩子，在家庭主要收入者有所意外而自己仍没有独立生活能力时，仍能维持生活。一个城市的三口之家，根据家庭主要收入者所负担的责任和日常生活开销，保额在50万元左右较为合适。

在寿险之外，家庭还应考虑意外、健康、医疗等险种，保额在10万～20万元之间比较合适。

总体而言，寿险及意外、健康、医疗等的总保额能满足5年的日常生活支出及偿还负债即可。

如果条件允许，还可以再买一点储蓄理财类保险，如子女教育、养

老、分红类保险等。

3. 保险支出不超过10%

保险的基本原理是大家出钱，个别遭遇小概率事件的人获得补偿。保险只是主要为了应付生活中的一些风险（不确定性），如大病、意外伤残、死亡等，没有保值增值功能（分红性保险除外，但它不是纯粹意义上的保险）。因此，一般而言不需要投入太多，保费不超过家庭年收入的10%比较合适。

4. 保险与投资并行

投资人可以根据自己的理财目标及可承担风险的能力及意愿，手中留一部分现金应付日常的流动性需求及突发性意外事件（一般来说，6个月~12个月的日常生活费用就已足够），购买一些保险以对抗生活中的意外事件，同时进行一些有效的投资，以达到家庭资产保值增值的目的。

5. 量力而行

根据自己的经济收入状况，确定适当的保险额数。

一般来讲，寿险的保险金额确定为一个人的年收入的3倍左右，而意外险的保额一般为一个人的年收入的10倍左右。

6. 选择组合式保险计划

所谓组合式保险计划，就是将含有寿险、意外保险、健康保险保障利益的多个保险险种以一个保险计划的形式出现。

通过多个险种的搭配，可以使保户获得较周全的保险，才能达到最佳保障效果，所以应该选择组合式的保险计划。而且，这样还可以节省一定的保险费用。

四、购买保险的注意事项

如何才能做到花钱买保险物有所值呢？专家认为应注意以下事项：

1. 注意选择所需的保险险种

目前，我国主要保险公司与家庭有关的主要险种有：普通家庭财产保险、家庭人身保险两大类保险。两类险具体又可分为：自行车保险、农民房屋保险、农民建房综合保险、家庭电器保险等专项保险；终身年金保险、人寿险、家庭收益险、简易人身险、养老金险、子女婚嫁金险等人身保险。每个家庭可根据实际情况有选择地投保，一般家庭可以投保家庭财产险和家庭人身险。

2. 注意考虑所需保险的程度

对一般家庭来说，可把需购保险分为三个档次：第一档，非买不可；第二档，可以买；第三档，可以不买。如果居住于危险地段或子女太多（或没有子女）家庭在自身有支付能力时必须购买保险；若家庭殷实，能承受较大的风险损失，则可以不买；家庭经济条件居中者，最好购买保险，以防"天有不测风云"受损失时有资金补偿。

3. 注意选择合理保险费率投保

保险费率一般由精算部门算定，但由于受多种因素影响，保险费率不一定合理。这样，家庭投保人在投保时必须对照保险费率，全面考虑其支付和赔偿力，然后可选择保险费率较低的公司投保。

4. 亲自研究条款，不要光听介绍

保险不是无所不保。对于投保人来说，应该先研究条款中的保险责任和责任免除这两部分，以明确这些保单能提供什么样的保障，再和自己的保险需求相对照，要严防个别营销员的误导。没根据的承诺或解释是没有任何法律效力的。同时要明确自己的需要，首先考虑自己或家庭的需要是什么，比如担心患病时医疗费负担太重而难以承受的人，可以考虑购买医疗保险，为年老退休后生活无忧的人可以选择养老金保险；希望为儿女准备教育金、婚嫁金的父母，可投保少儿保险或教育金保险等。此外，在单身期、家庭形成期、家庭成长期、子女大学教育期以及家庭成熟期和退休

期等人生不向阶段对保险的选择也是大不相同的。

5. 尽量选择年交而不是趸交

年交是按照10年期、20年期等每年交纳一定保险费，趸交是指一次性交费。专家建议，投保重疾保险等健康险时，尽量选择交费期长的交费方式。一是因为交费期长，显然所付总额可能略多些，但每次交费较少，不会给家庭带来太大的负担，加之利息等因素，实际成本不一定高于一次缴清的付费方式；二是因为不少保险公司规定，若重大疾病保险金的给付发生在交费期内，从给付之日起，免交以后各期保险费，保险合同继续有效。这就是说，如果被保险人交费第二年身染重疾，选择10年缴，实际保费只付了1/5；若是20年缴，就只支付了1/10的保费。

6. 灵活使用保单借款功能

有些人因临时用钱，而不得不退掉保险，损失相当高的手续费。其实，目前很多保险产品都附加有保单借款功能，即以保单质押，根据保单当时的现金价值70%～80%的比例向保险公司进行贷款。这样既能解决燃眉之急，又避免了退保时带来的不必要的损失。

五、投保人、被保险人和受益人

很多人不了解什么是投保人、被保险人和受益人，以下我们简单介绍一下。

投保人又称为要保人，是指与保险公司订立保险合同，并按照保险合同负有交付保险费义务的人。

被保险人，是指根据保险合同，其财产利益或人身受保险合同保障，在保险事故发生后，享有保险金请求权的人。投保人往往同时就是被保险人。

受益人，是指在人身保险合同中，由被保险人或者投保人指定的享有保险金请求权的人，投保人或者被保险人可以同时作为受益人。

在投保人、被保险人与受益人不是同一人时，投保人指定受益人必须经被保险人同意，投保人变更受益人时，也必须经被保险人同意。在指定受益人的情况下，实际上是被保险人将保险金请求权转让给受益人。

六、保险中的如实告知义务

所谓如实告知义务，指在保险合同订立时，投保人应将有关保险标的的重要情况如实向保险公司陈述、申报或声明的义务。法律之所以规定投保人的如实告知义务，是因为只有投保人或被保险人了解保险标的的真实情况，而保险公司一般只是依据投保人的告知来决定是否承保或保险费率水平。因此，违反告知义务，投保人将承担不利的法律后果。

我国《保险法》规定：

（1）投保人故意隐瞒事实，不履行如实告知义务，或者因过失未履行如实告知义务，足以影响保险公司决定是否承保或提高保险费率的，保险公司有权解除保险合同。

（2）投保人故意不履行如实告知义务，保险公司对于保险合同解除前发生的保险事故，不承担赔付保险金的责任，并不退还保险费。

（3）投保人因过失未履行如实告知义务，对保险事故的发生有严重影响的，保险公司对于保险合同解除前发生的保险事故，不承担赔付保险金的责任，但可以退还保险费。

七、保险价值和保险金额

所谓保险价值，是指投保人与保险公司订立保险合同约定的保险标的的实际价值，即投保人对保险标的所享有的保险利益的货币价值。它是财产保险合同构成的基本要素之一。

确定保险价值的方式一般有两种：

一是根据合同订立时保险标的的实际价值确定，即由双方当事人在订立保险合同时，在合同中约定。

二是根据保险事故发生时保险标的的市场价值确定。

依照第一种方式订立的保险合同称为定值保险；依照第二种方式订立的保险合同称为不定值保险。

所谓保险金额，是指一个保险合同项下保险公司承担赔偿或给付保险金责任的最高限额，即投保人对保险标的的实际投保金额；同时又是保险公司收取保险费的计算基础。财产保险合同中，对保险价值的估价和确定直接影响保险金额的大小。保险价值等于保险金额是足额保险；保险金额低于保险价值是保险公司按保险金额与保险价值的比例赔偿；保险金额超过保险价值是超额保险，超过保险价值的保险金额无效，恶意超额保险是欺诈行为，可能使保险合同无效。

八、重复保险

所谓重复保险，指投保人对于同一个保险标的、同一保险利益，在同一期间就同一保险责任，分别向两家或两家以上的保险公司订立的保险合同。那么，投保人可以重复保险吗？

我国《保险法》并没有禁止重复保险。在人身保险业务惯例中，一般对重复保险没有限制；但在财产保险中，一般对保险赔偿总额有所限制。根据《保险法》规定，财产保险中，重复保险的保险金额总合超过保险价值的，各保险公司的赔偿金额的总和不得超过保险价值。除当事人另有约定外，各保险公司按其保险金额与保险金额总和的比例承担赔偿责任。例如：投保人甲将其价值 15 万元的家庭财产分别向保险公司乙、丙公司投保，乙公司承保金额为 8 万元，丙公司承保金额为 12 万元。则依据上述规定，当甲发生全损时，乙、丙公司赔偿的总额仍以 15 万元为限，乙公司赔偿 6 万元，丙公司赔偿 9 万元。此外，在重复保险时，投保人应当将重复保险的情况通知各保险公司。

九、保险公司的理赔程序

在向保险公司申请理赔过程中，常常会有申请人询问：我已经报案一个多月了，为什么还没结果？也有的申请人提供证明材料时，就以为可以同时领取保险给付金了。其实保险公司处理理赔案件的过程，实际上就是履行保险合同的过程；保险公司对保险合同的履行必须严格遵照有关规定及合同的约定。这就要求保险公司必须谨慎核实客户事实，作出公正、客观、正确的判断，以维护广大保户的利益，真正实现保险的保障功能。

保险公司的理赔环节及步骤一般包括：

1. 受理报案

受理报案是指被保险人发生保险事故必须及时向保险公司报案，保险公司应将事故情况登录备案。一般来讲，报案是保险公司理赔过程中的重要环节，它有助于保险公司及时了解事故情况，必要时可介入调查，尽早核实事故性质；同时保险公司又可以根据保险合同的要求及事故情况，告知或提醒申请人所需准备的材料，并对相关材料的收集方法及途径给予指导。

2. 受理材料、立案

受理立案就是保险公司根据申请人提供的理赔申请材料进行审核，确定材料是否齐全、是否需要补交材料或保险公司确定是否受理的过程。在立案环节中，保险公司的立案人对提交的证明材料不齐全、不清晰的，会当即告诉申请人补交相关材料；对材料齐全、清晰的，即时告知申请人处理案件大致所需要的时间，并告知保险金的领取方法。

3. 调查

调查是保险公司通过对有关证据的收集，核实保险事故以及材料的真实性的过程。调查过程不仅需要相关部门及机关的配合，申请人的配合是必不可少的环节，否则将影响保险金的及时赔付。

4. 审核

审核就是指案件经办人根据相关证据认定客观事实、确定保险责任后精确计算给付金额，作出理赔结论的过程。

5. 签批

签批是指理赔案件签批人对以上各环节工作进行复核，对核实无误的案件进行审批的过程。

6. 通知、领款

案件经过签批环节后，保险公司就可以通知受益人携带相关身份证明及关系证明，前来办理领款手续了。为了使保险公司能准确、迅速地联系相关受益人，申请书上必须填写准确的电话号码及联系地址。总之，保险公司处理理赔案件必须做到客观、公正，在以事实为依据，以合同、法律为准绳的前提下，最大限度地维护广大客户的应得利益。

十、保险索赔四大诀窍

1. 明确保险责任

保险单是契约，有法律约束力。保险单背面一般都清楚地印着哪些灾害、事故属于保险责任，哪些不属于保险责任。如果保户投保后，保险财产遭受灾害、事故的损失属于保险责任，可以向保险公司索赔，不属于保险责任的则不能赔偿。比如：一位保户为自己拥有产权的单元楼房投保了家庭财产保险，由于在装修中违背了城市房屋建筑的有关规定，房管部门依法要求其将已拆改的房屋结构复原，自然损失了经济费用。保户误认为上了保险就可以索赔，到保险公司报案并要求赔偿，保险员工耐心地将保险责任一项项讲清楚，这位保户方知，个人装修破坏房屋不属于保险责任，自酿的苦酒只有自己喝。

2. 识清保险品种

现在，保险险种较多，像机动车辆保险、家庭财产保险等，除了基本险种之外，还有附加险种。如机动车辆保险除车辆损失险、第三者责任险这些基本险外，还有玻璃单独破碎险、车上责任险、全车盗抢险、自燃损失险、无过失责任险、车载货物掉落责任险等附加险种；而家庭财产保险除基本险外，附加险包括家庭管道破裂及水渍险、家用电器用电安全险、现金首饰盗抢险、计算机硬件损失险、家用燃气器具责任险、自行车第三者责任险、家庭赔偿责任险、家庭治安险，涵盖了家庭生活的许多方面。

由于基本险、附加险有各自承担的保险责任，因而保户在出险索赔时，必须确认出险是否在你投保的范围内。再说得明确点，得什么病吃什么药，只有发生的灾害、事故在你投保的范围内，才能得到赔偿。所以，保户在投保时要选择好险种，日后才能得到可靠保障。

3. 学习保险知识

保险单是一种契约，担负着保障财产的责任，保户应妥善保管保险单。作为一名投保的保户，对于相关的保险知识应该清楚，比如保险的期限、保险财产的内容、保险赔偿责任的范围、保险金额与实际赔偿额的关系、保险期限内如果搬家变更住址如何办理手续、赔偿后找回的保险财产权益属于谁等。只有“知其然，还要知其所以然”，才能更好地在出险时维护自己的正当权益，否则不但白白耗费人力、物力，还会闹出笑话。

曾发生过这样一件事，一户家庭几年前参加过一年期家财保险，一年后没有再续保，实际上等于终止了保险合同。没想到，又过了一年的春夏之交，其家中不慎失火，损失不小。忽然，这家主人想起加入过保险，就到保险公司登门“索赔”，声称“肯定”入了保险，但保险单已“丢失”。保险公司一听不敢怠慢，组织人力从电脑底档中查了个遍，才知他家早已终止保险合同，与保险公司没有任何关系，当然谈不上赔付。直到此时，这家主人才恍然大悟，方知由于自己的侥幸心理没有续签保险合同，使今日的损失无处赔付，于是又重新投保，亡羊补牢。

4. 明白赔偿手续

保险索赔是体现保险经济补偿职能的最明显特征，许多单位和个人都是看到别人出险后获得科学、及时、合理的赔偿才成为保户的。但保险索赔要经过必要的程序，按照有关规定履行必要的手续，还要提供必需的单证，缺一不可。像机动车保险，发生事故后，保户应立即向保险公司报案，如实反映事故的情况，填写出险报告，协助保险公司查勘事故现场。待公安交管部门结案后，保户办理索赔时还应提供保险单、事故责任认定书、事故调解书、判决书、损失清单和有关费用单据，保险公司才能按规定赔偿处理。

理赔过程有数道程序监督，每一笔费用支出有严格的界限，有数道审批关口，提供应交予的一切手续、单证，才能加快赔付进程。

从另一个角度看，将财产悉数投保本身也是理财的一种方式。出险后，保户通过索赔使损失得到赔偿也就达到了投保目的。因此，避免陷入索赔误区，依法依规办事，做个明白的投保人，才是正确的选择。

十一、买保险未必越多越好

不少“有钱人”都会有“保险越多越好，保险金额越高越好”的观念，似乎多买保险可以提高自己的身价。但在实际理赔时就会发现一个问题：购买双份或多份保险，并不一定能够获得双倍或者多倍的赔偿。因此，业内专家指出，理性的人应该尽量做到“花最少的钱买到最多、最全面的保障利益”，也就是说大家买保险时都应考虑成本问题，而不是盲目追加保险。

这里给大家讲一个案例。高先生分别向甲、乙两家保险公司投保了意外伤害医疗保险，保额均为10 000元。后来高先生因车祸事故发生医疗费用16 800元，由于高先生没有纳入医保体系，其住院医疗费用全部自理，因此最后高先生手头有总额为16 800元的发票，他可以选择先去其中一家保险公司理赔，如果符合全额给付的要求，那么他就能先从中报到10 000元保险金，然后等额的发票就被这家保险公司拿走存档了，高先生就只能拿剩下的6 800元的发票去另一家保险公司理赔，而不可能进行重复理赔。因此在很多时候，重复投保是一种浪费。

一般而言，同一人对同一保险利益、同一保险事故分别向两个以上保险人订立保险合同的保险在业内被称为“重复保险”。按目前各保险公司的规定，重复投保均属于未超额投保，这种投保方式虽然符合保险分担风险的基本理念，也未使各保险人承担任何额外的风险和义务，但投保人却比正常保险额外增加了一个通知义务。

在人寿保险惯例中，报销型的医疗费用保险作为一种补偿型保险，保险公司在保险金额的限度内，按被保险人实际支出的医疗费给付保险金，亦即保险金的赔偿不能超过被保险人实际支出的医疗费用。但通常存在一种误解，认为如果被保险人在多家保险公司投保医疗费用保险，出险后，各家保险公司均应在其保险额度内给付保险金。

如果真的这样，被保险人因为拥有多家保险而更热衷于过度治疗，其住院时间愈长，医疗费花费愈多，意味着获利将愈多。事实上，也的确存在这种道德风险。而由于这种道德风险的存在，不仅会造成国家医疗资源的极大浪费，也将对各商业保险公司及社保医疗构成巨大的亏损威胁，引发医疗保障市场的混乱。

因此，在各家保险公司条款中，均明确要求提供医疗费原始凭证作为获取医疗费赔偿的先决条件，复印件或其他收费凭证均不被受理。

所以说，如果不是为了应付可能的巨大灾难，在多家保险公司同时投保单一的医疗费用型保险，并无必要；应该把钱用在刀刃上，比如选择搭配其他的津贴型医疗保险或者重大疾病保险，以尽可能少的保费支出，获取最周全的保障。

十二、购买保险的误区

总结一下，我们可以发现购买保险有很多的误区，现把它归纳下来，大家可以对照和检查一下，自己有没有犯下这些误区。

1. 买保险是为了投资

返还型险种所具有的本金返还、利息给付等功能，只是保障功能的一种补充，是为了满足购买者的某种心理，吸引购买者而设计的。因此，保险的主要功能是提供保障而非投资，如果消费者基于投资回报的初衷而购买保险，那就本末倒置了。

2. 家长不投保为孩子投保

有些家长想通过为孩子买保险的方式给孩子积累一笔生活教育基金，这种方式并非合适。家长一旦发生意外，整个家庭就失去了主要的经济来源，纵使孩子拥有一纸保单，也不能发挥作用。正确的做法应该是父母作为被保险人，孩子作为受益人。

3. 单位有福利无需买保险

有些消费者在单位享受退休金和公费医疗待遇，认为没有必要参加保险了，这种想法带有一定的片面性。因为客户在单位享受的各种福利是最基本的生活保障，保障水平低，保障范围也较窄，这些福利正逐渐向社会统筹保障过渡。

4. 购置保单越多补偿越多

有些人认为，对同一标的投保越多，发生财产损失时赔款也就越多。其实不然，在超额投保和重复保险的情况下，发生保单中约定的保险责任时，保户只能得到实际损失的赔付额。

5. 选择便宜险种最实惠

有许多投保人在投保时总想买最便宜的险种，但保险的费率是根据死亡率、利率、营业费率经过严格计算得出来的，不同险种只是不同的搭配而已，其价格效用比是完全一致的。因此，价格便宜与否不应该是投保考虑因素。

6. 代理人离职利益受损

有些准保户常常担心业务代表离职后，保险公司会忽视对他们的服务，使自己的利益受损失。其实这种担心是没有必要的。合同双方的权利和义务是针对保险公司和投保人的。

7. 可随时提取保险本金

有些投保人认为买保险与到银行存款一样可随时提取本金，对保险代理人推荐的保险未加斟酌便匆匆签单。之后由于各种原因要求退保，当发现退保金少时便抱怨保险公司不守信用。如果保户投保后短期内要求退保，保险公司一般在保单头两年时，只能退给保户少部分保费。

8. 瞒病情让保险公司承保

个别投保客户发现在投保寿险时，将自己的病史、职业等因素告知保险公司，保险公司有可能在标准保费基础上加费承保。这些客户便想如果在投保单上不告知这些事项，保险公司便可按标准率承保，这样就可少支出一笔保费。其实这样做是不负责任的，保险公司要对这样的客户进行加费或拒保，甚至退保处理。

9. 请人在保单上代签名

有的客户为了方便，请人代他在投保单上签名。这些客户并不知道亲笔签名这道手续不能省略，因为任何经济合同只有订立双方签字同意方能生效。如合同的一方未签名认可，合同便自始无效，当被保险人发生保险事故后，保险公司就不会进行赔付。

第七章

投资消费两相宜的房产

个人房地产投资是投资人购买不动产后，一是通过房地产的转手买卖获得短期增值收益；另一种是以出租等方式获取房地产投资的长期增值收益。

房地产属于实业的范畴，一般认为通货膨胀对实业的影响较小，所以一旦通货膨胀到来，房地产的价值可以随着物价上涨而“水涨船高”，有时还会超出通货膨胀几个百分点。而且房地产具有耐久性，所以房地产是很好的投资（尤其是长线投资）项目，是获利大、风险小的投资工具，它对抵抗通货膨胀、增加个人收益具有极大的作用和功效。

小案例

2007 年是上海房地产迅速成长的一半，来自江西的刘女士本来打算买车自用，但是很偶然的机会她到古北走了一圈，发现古北不仅是富人聚居区，而且还吸引了很多外籍人士短期或长期居住，虽然当时当地的房价已经相当高了，但是她觉得还是很有投资潜力，不仅仅是看好古北房价的升值潜力，对租金回报也很有信心。于是，刘女士在2007年2月拿出自己当时所有的积蓄——人民币1.5万元，同时还几经周折，从亲朋好友那里借来16.5万元，买下了一套52.93平方米、总价90万元的房子，不到两天的时间，刘女士就顺利地以8 000元/月的租金，出租给了一位日本人。

尝到甜头的刘女士并没有就此偃旗息鼓，就在购入此房不到46天后，她就以110万元、整整高出当时价格20万元的价格将其卖出，同时迅速购入一套位于四季金城的面积为114平方米的两房。当时刘女士没有做过多的考虑，就倾其所有——首付53万元、贷款122万元，以175万元的总价购入了这套房子。由于事先已经联系好了承租的客户，在购入当日，她就以3 000美元/月的租金价格出租。4个月后，刘女士以210万元的价格卖出了这套房子。就这样，加上4个月1.2万元的房租，刘女士共获得了36.2万元的收益。

一、房产投资前景好

房地产是值得专门研究的一个投资方向，因为在整个经济周期上上下下的起伏中通货膨胀总会对你产生或多或少的影响。在通货膨胀时期，房地产的价值升值速度通常要高于通货膨胀，而当经济萧条来临的时候，房地产作为最好的合理避险途径之一，会使你获益匪浅：俗话说：地生金，房生银。购买房地产，无论作为自用保值，避免将来房价越来越贵，还是作为投资收租，以待他日升值时出售，都有利可图。其原因主要有：

1. 土地供给有限

土地所具有的特性为稀少性，在土地不断开发的情况下，可建地日益稀少，况且土地这种资源无法由国外输入，供给可说是不增反减，所以，房地产价格必定逐年提高。

2. 需求不断增加

一般而言，房地产可以分为工商与住宅等两项用途。以企业使用的房地产而言，当企业获利能力增加，企业则愿意付出高的房租，该房地产的价格就会上涨，且随着经济成长，企业经营所需的面积也逐年提高。就个人、家庭使用的房地产而言，随着经济增长，国民所得提高. 国民对居住面积与居住品质的需求也随之增加。

3. 可作为抵押品进行融资

房地产作为固定资产，也可以作为抵押物品而获取广阔的资金来源，以弥补经营流动资金的不足，改善自身的经营结构，为融资提供了一定的保障。

二、房产投资的特点

房产投资与其他的投资工具比起来具有以下显著的特点：

1. 所需资金量大

房产投资较之其他的理财工具，相对需要较大的资金。如果资金不够，还可以通过银行按揭，实现房产投资。

2. 增值慢风险小

排除当前房价上涨、增值快速的情况，从长远来看，在一般正常情况下，房产投资是一项增值较慢但是风险也较小的投资。

3. 流动性差

房产投资流动性较差，尤其是在变现能力方面，更没有办法跟投资资本市场相比。因此投资房产，应适当适度，更不能用炒股的思维去炒房。要综合考虑未来的成本，留足家庭生活的紧急备用金和足够的还贷资金后，再行考虑投入房产市场。

三、房产投资的风险

从理财的角度看，投资房产并没有一个固定比例的说法，个人的情况不一样，投入的资金比例也要有适当的分别。但是在目前的情况下，个人投资者进行房产投资，必须注意的是量力而行，而在此之前，我们要了解一下房产投资存在什么风险。

1. 流动性风险

由于房产是真正意义上的不动产，不能移动、不能运输，所以投资于房产中的资金流动性和变现性较差。由于房产变现性较差，一旦投资于房产后投资者如急需用钱，则不可能像其他商品投资者一样，能迅速将商品转手变现。房产投资者只能等待合适的机会，否则就会遭受很大的损失。

2. 购买力变化的风险

由于房产投资周期较长，占有资金较多，因此投资于房产，还需承担因经济周期性变动带来的购买力下降的风险。购买力水平的降低，就会影响到人们对房产的消费水平。这样，即使房产本身能保值，但由于人们降低了对它的消费水平，也会导致房产投资者遭受一定的损失。

3. 市场不充分性风险

房地产市场是一种不充分市场，这种不充分市场，其特征就是缺乏信息，没有一个正式市场。许多房地产的交易和定价是在不公开的情况下进行的。

在交易时，人们往往不懂它所涉及的法律条文、城市规划条件、税费等，尤其是对房地产交易过程中的许多细节不了解，因此有可能造成损失。

4. 投资风险

个人购房用于经营的人要明白，不是所有的房地产项目都可以升值。随着社会的发展，房地产项目性能价格比的内涵日趋丰富，配置相对落后的项目跌价将在所难免。

5. 自然风险

房产投资还有可能承担的一种风险，就是自然灾害带来的风险。地震、洪水、火灾等自然现象也会使投资者遭受损失。

理财小格言

买房要么是为了提高自己的生活品质，要么是为了作为投资手段赚更多的钱。但如果为了买房而终生成为"房奴"，不管房子怎么升值对你来说都是毫无意义的。

以上介绍的是一般情况下房产投资可能出现的或潜在的风险，并不是说无论何时何地所有的房产投资都会遇到这些风险，所以在购房时要具体情况具体分析，做出适合自己的决策。

四、房产投资的优点

1. 可观的收益率

房地产投资的主要收益来源于持有期的租金收入和买卖价差。一般来说，投资房地产的平均收益率要高于银行存款和债券，并仅次于投资股票的收益率。对于像我国这样一个人口众多，并且正逐渐向工业化、城市化转型的国家来说，城市房地产的升值潜力更大。如果在20年内，我国的城市化率从目前的40%提高到60%，就有2.5亿人需要到城市居住，庞大的市场潜力意味着现有城市规模的扩张，这必然伴随着城市现有土地及住房价格的升值。

2. 财务杠杆比率

财务杠杆用通俗的话讲就是利用别人的钱为自己赚钱，根据目前的分期付款政策，购买一套住房只需要一定比例的首付款即可，以20%的首付款计算，其财务杠杆比率为500%。

3. 对抗通货膨胀

房地产不但能满足住的需求．并兼具保值及增值效益，更重要的是，它是对抗通货膨胀的良好工具。通货膨胀会促使实质资产的价格不断上升，使非实质资产不断贬值。银行存款、债券的价值往往受到通货膨胀的侵蚀，而实物投资或者对实际财富拥有所有权的投资，如房地产、股票，往往能够抵消通货膨胀造成的实际财富的损失。房地产之所以会随着通货膨胀而上升，原因很简单，因其成本不断上升，如土地购买成本、建材成本及人工成本等等。成本势必反映在商品价格上．且需求不减的情况下，房地产价格势必不断上涨。对我国的投资者而言，由于证券市场存在的一些制度性缺陷，投资价值不强，房地产投资无疑成为一种最好的对抗通货膨胀的手段。

五、房地产投资的方式

住房投资是不少人目前正在采用的一个理财方式，除了采取直接购房方式外，人们还可以选择另外6种形式。

1. 合建分成

合建分成就是寻找旧房，拆旧建新，出售分成。这种操作手法要求投资者对房地产整套业务须相当精通。目前一些房地产开发公司采用这种方式开发房地产。

2. 以旧翻新

把旧楼买来或租来，投入一笔钱进行装修，以提高该楼的附加值，然后将装修一新的楼宇出售或转租，从中赚取利润。

3. 以租养租

即长期租赁低价楼宇，然后以不断提升租金标准的方式转租，从中赚取租金养租，也就是我们通常所说的做二房东。如果投资者刚开始做房地产生意，资金严重不足，这种投资方式比较合适。

4. 以房换房

以洞察先机为前提，看准一处极具升值潜力的房产，在别人尚未意识到之前，以优厚条件采取以房换房的方式获取房产，待时机成熟再予以转售或出租，从中牟利。

5. 以租代购

开发商将空置待售的商品房出租并与租户签订购租合同。若租户在合同约定的期限内购买该房，开发商即以出租时所定的房价将该房出售给租住户，所付租金可充抵部分购房款，待租住户交足余额后，即可获得该房的完全产权。

6. 到拍卖会上淘房

目前，许多拍卖公司都拍卖各类房产。这类房产一般由法院、资产公司或银行等委托拍卖，基于变现的需要，其价格往往只有市场价格的70%左右，且权属一般都比较清晰。

六、投资物业的类型

投资物业，买房人的目的不是用来居住，而是用来投资。在研究各种形式的物业是否值得投资时，应注意的投资原则包括：地段；发展商的资金实力；发展商的知名度；项目的定位；发展商以往的开发经验；物业管理公司的专业水平；项目的性价比；项目的增值空间；项目的生活设施、交通条件等配套设施。

投资者购买的物业基本上是具有投资增值潜力的新型物业：

1. 商业类型

比如商铺，在大中城市，商铺的价格会比较高，一般是居住类物业的1.5~2倍。

2. 办公楼

办公楼面对的市场是比较稳定的企业或者公司。随着经济飞速发展，企业和公司在不断增加，因此它们对办公用房需求的面积也不断增加。

3. 商住型

商住型物业可以满足中小企业办公需要。由于地处繁华商业地段，这类物业具备了既可居住，又可商住的价值，所以称为商住型。

4. 酒店式公寓

一种新型的公寓模式，现在市场也较为看好。这类公寓一般都带有完备的管理系统，提供针对性的商务服务，装修精良。客户只需要携带一个皮箱，就可以进来居住和办公。

5. 精装房

在住宅投资中，目前市场上消费者比较青睐的是中高档的装修房。精装房的投资技巧包括：首先，一般精装房的房屋面积不宜过大；其次，一定要选择好的发展商；再次，装修的质量关要把好。

七、房产投资前的注意事项

房产投资与金融投资一样，只有把握科学的介入时机，才能获取较好收益。那么在房产投资前，有哪些注意事项呢?

1. 注意国家的经济增长率

一个国家的经济增长水平，反映了国家的发展速度和景气程度。经济增长率高且持续发展，必然会刺激房地产业的快速发展，使房地产的建设和成交量十分活跃，新楼盘不断涌现，有效供给不断增加，使房地产业一片繁荣。是国家把房地产业作为经济增长点和国民经济的支柱产业后，必然会在政策上予以支持，使商品房大量上市，给购房者以充分的选择余地，可以用相对较低的投入获得比较满意的住房。

2. 注意开发商的平均利润

房地产开发商牟取暴利的时代已经过去。从房地产上市公司提供的数据表明，房地产开发企业的平均利润由2008年的32.4%，降低到2011年的12.45%，即使平均利润为10%，也是泡沫多多。随着房市愈加成熟和规范，未来市场的投机机会越来越少，投机成本越来越接近国际平均的利润率（即6% ~8%之间）。

3. 注意利率的变化

在买房时，购房者大都离不开银行的支持，特别是工薪族大多利用银行贷款购房。银行降息，意味着住房贷款无论是公积金还是按揭成本都会下降。银行降息，主要目的是刺激消费，这时购房无疑是最合算的。

4. 注意销售量

一般来讲，不管是现房还是期房，如果销售量不到30%，那么开发商的成本还没有收回，在销售业绩不佳的时候，开发商有可能降低房价。若销售量有50%，表明供销平衡，房价在一定时间内不会变化。如果已经卖出70%表明需求旺盛，有可能涨价。当卖出90%以后，由于开发商想尽快发展其他项目，房价可能会降下来。看销售量也是把握购房时机的方法之一。

5. 注意房屋的空置率

当某一楼盘空置90%时，价格应是比较低的时候，但消费者也要付出一定的代价，例如装修噪音、服务不到位、环境杂乱无章、交通不便等；当空置率为50%时，小区已经有了一定的发展，购房既能得到较好的价格，又能得到发展商、物业公司提供的服务，是最佳的投资时机。

八、房地产投资的误区

1. 买涨不买跌

在房地产市场上，买了房的人无不盼望大涨，没买的无不盼望大跌，几乎很少看到有异常冷静的市民。

在2008年12月房地产跌声一片的时候，有一部分买了房子，很高兴。然而有的却认为房价还会继续跌，坚持再等等。然而等到2009年价格又上涨了20%的时候，没买房子的人急了，担心房子会涨得更高，便不管多少价钱都匆匆忙忙地出手买房了，凭空冤枉多支付了十多万元甚至几十万元。

其实，在房市，永远没有顶和底，也没有哪个人会知道未来跌多少涨多少。涨就是跌的开始，而跌就是涨的先兆。

当身边的人都在入市买房的时候，自己最好不要去凑热闹。因为凑热闹是要付出代价的。在别人恐慌的时候，自己一定要贪婪，在跌的时候买，在涨的时候卖。只有这样，才不会白白浪费自己的血汗钱。

2. 不研究国家政策，盲目入市

可以告诉大家的秘诀就是：每天一定要看《新闻联播》，看报纸的头版新闻。政策鼓励而且政策很松的时候买房，政策控制开始收严的时候密切观望，因为这些国家政策是最直接的涉及市场反应中的。

3. 攒够钱才买

这是一个绝对的错误理念。其实正因为没钱才更要买房，否则的结果是等你攒到足够的钱时又不够了。很多老百姓每日精打细算，要攒到足够的钱才买房，有的甚至凑齐了付全款。其实，购房一定程度要掌握窍门，首付越低越好，月供越长越好。普通老百姓能够“套”到国家贷款的唯一机会就是房贷了，第一次购房利息又是如此优惠，不用就亏啊。当然，我们既不能套用美国老太太的故事，也不能套用中国老太太的故事。而是要各取其一，手中留有足够的可以投资的现金。

可以尽量用最少的钱去买房。即使你手头有足够的现金。假如你有50万元现金，可不要用50万元去买50万元的房子，最多只拿出20万元就够了，剩下的30万元可以用来做投资。

4. 被动炒房

很多老百姓看到房子涨了以后，觉得自己上班辛辛苦苦好多年还不如炒一套房一转手赚得多，于是也忍不住加入了炒房的队伍。殊不知炒房是一个很专业的活，一不小心就被套。因为房子变现手续复杂、税费繁多、周期长，碰上调整，或者你的眼光不准，你就很难脱手，最后只能被动的“炒房炒成房东”，占用了资金，耗费了时间，影响了工作，最后心力交瘁，得不偿失。

房地产千万不要有短炒的心理，要有一种长期投资的心态。如果自己要参与房产投资，可以选择参加房产理财俱乐部，让专业人士帮你赚钱，回报也比较稳定。如果自己要做，就一定要多方调查了解和研究，做足功课，对自己的资金要有一个至少2年以上的安排规划，也就是说在2年之内不会担心断供问题。

5. 迷信专家学者

现在所谓的专家学者满天飞，各个领域的专家都在“研究”房地产。但每一个所谓的专家，其所有的言论背后一定有其根源。只要我们认真看一下这些专家所处的环境，就知道他在为谁说话。比如政府机构的专家学者，那些只是御用文人，没有任何实战经验，还是不信为妙。

普通老百姓在这个问题上一定要清醒，千万不要迷信所谓的没有任何实战经验整天纸上谈兵的专家学者，专家的言论只能作为宏观参考指标之一。

6. 买房要一次性到位

这又是一个让很多老百姓犯错误的观念。有的老百姓甚至为了所谓的一次性到位花费了很大成本，到后来卖房时才发现自己是浪费的。现代社会是一个多元化的社会，经济在发展，各种新的东西层出不穷。很多东西都在变化，也许你今天的想法是这样，但过几年你的家庭、工作、职业、经济收入等等都会发生变化，到那时你的计划和想法又会不一样。如果你的经济条件好了，你肯定会不满足要改善居住条件；如果你经济不好，而你的房子升值了，为什么不可以卖掉房子换取现金来发展个人事业？

购房一次到位只是你现在的“算命式”的想法，中途任何可能都会出现。有经验的理财专家会建议你最多只做5～8年的打算。5年以后会有什么变化，永远没人知道，好或者坏一定超出你现在的设想。

7. 迷信广告语

很多老百姓获取购买购房信息的渠道来源于楼盘的各种广告。殊不知房地产广告是开发商雇佣写手炮制的“美好愿望”，这个愿望能不能实现，最主要的是取决于开发商的实力和良心。

购房者要到现场去实地调查、走访、分析，找可靠的专业人士请教，找老业主了解真实现状。

8. 只买便宜不买贵的

便宜无好货，贵一定有贵的价值。贵得有价值的房子总是越来越贵，而便宜的价值不充分的房子却总是涨不起来。

一定要买有上涨空间的，价值高的，无论是未来增值还是转手都容易。如果手头真的没资金，不好的买了房子也是负资产。

9. 租房不如买房

这个问题又是一个很多普通老百姓的观念问题。一直以来也有很多人在争执不已，打了很多口水战。

如果你是买一个泡沫资产，买是一种很大的损失。我们来算一笔账：现在的商品房的月供和租金差距很大。根据我们的调查，月供5 000元的房子，租金最多只能租2 500 ~ 3 000元左右。不考虑房子价格升值因素，如果你有较好的投资渠道，这种情况下买房不如租房。

九、怎么看房

无论是在房展会上看展，还是到售楼处或现场去看房，我们发现许多购房者忙着从一个房展会奔向另一个房展会，忙着看花花绿绿的售楼书，忙着看工地、样板间时，但真正问他们在看什么时，往往一脸茫然：不知道怎么看房，不懂得该看些什么。下面给大家归纳几点重点。

1. 看位置

房产作为一种最实用的财产形式，即使买房的首要目的是为了居住，购买房产仍然同时还是一种较经济的、具有较高预期潜力的投资。房产能否升值，所在的区位是一个非常重要的因素。看一个区位的潜力不仅要看现状，还要看发展，如果购房者在一个区域各项市政、交通设施不完善的时候以低价位购房，待规划中的各项设施完善之后，则房产大幅升值很有希望。区域环境的改善会提高房产的价值，例如北京亚运村的落成，就使得周围房地产价值成倍增长。研究城市规划，分析住宅所在区位的发展潜力，对购房者十分重要。

另外还有房产位置的交通条件，购房者一定要不辞劳苦亲临实地调查分析。

2. 看配套

居住区内配套公建是否方便合理，是衡量居住区质量的重要标准之一。稍大的居住小区内应设有小学，以排除城市交通对小学生上学路上的威胁，且住宅离小学校的距离应在500～1 000米（近则扰民，远则不便）。小区应该有菜店、食品店、小型超市等居民每天都要光顾的商业配套，服务半径最好不要超过500米。

目前在售楼书上经常见到的“会所”，指的就是住区居民的公共活动空间。会所大多包括餐厅、茶馆、游泳池、健身房等体育设施。有了这些设施，居民所享受的生活空间就会远远放大。随着居住意识越来越偏重私密性，休闲、社交的需求越来越大，会所将成为居住区不可缺少的配套设施。会所都有哪些设施，收费标准如何，是否对外营业，预计今后能否维持正常运转和持续发展等问题，也是购房者应当了解的内容。

3. 看绿化

居住环境有一个重要的硬性指标——绿地率，指的是居住区用地范围内各类绿地的总和占居住区总用地的百分比。值得注意的是：“绿地率”与“绿化覆盖率”是两个不同的概念，绿地不包括阳台和屋顶绿化，有些开发商会故意混淆这两个概念。由于居住区绿地在遮阳、防风防尘、杀菌消毒等方面起着重要作用，所以有关规范规定：新建居住区绿地率不应低于30%。在市区附近，如果住区绿地率能达到40%甚至50%，就比较难得了。购房者不要被什么这园林那风格唬住，也许那个项目连起码的标准都还没有达到呢。

4. 看布局

建筑容积率是居住区规划设计方案中主要技术经济指标之一，这个指标在商品房销售广告中经常见到，购房者应该了解。

一般来讲，规划建设用地范围内的总建筑面积乘以建筑容积率就等于规划建设用地面积。规划建设用地面积指允许建筑的用地范围，其住区外围的城市道路、公共绿地、城市停车场等均不包括在内。建筑容积率和居住建筑容积率的概念不同，前者包括了用地范围内的建筑面积，因此两个指标中，前者高于后者。

容积率高，说明居住区用地内房子建的多，人口密度大。一般来说，居住区内的楼层越高，容积率也越高。以多层住宅（6 层以下）为主的住区容积率一般在 1.2 至 1.5 左右，高层高密度的住区容积率往往大于 2，在房地产开发中为了取得更高的经济效益，一些开发商千方百计地要求提高建筑高度，争取更高的容积率。但容积率过高，会出现楼房高、道路窄、绿地少的情形，将极大地影响居住区的生活环境。

在居住区规划中，应使住宅布局合理，为保证每户都能获得规定的日照时间和日照质量，要求条形住宅长轴外墙之间保持一定距离，即为日照间距。北京地区的日照间距条形住宅采用 1.6 至 1.7H（H 为前排住宅檐口和后排住宅底层窗台的高差）。塔式住宅采用大于或等于 1H 的日照间距标准。如果住宅的日照间距不够，北面住宅的底层就不能获得有效日照。

5. 看区内交通

居住区内的交通分为人车分流和人车混行两类。目前作为楼盘卖点的“人车分流”，汽车在小区外直接进入小区地下车库，车行与步行互不干扰，因小区内没有汽车穿行、停放、噪音的干扰，小区内的步行道兼有休闲功能，可大大提高小区环境质量，但这种方式造价较高。

人车混行的小区要考察区内主路是否设计得通畅，是否留够了汽车的泊位，停车位的位置是否合理。一般的原则是露天停放的汽车尽量不进住宅组团，停车场若不得不靠近住宅，应尽量靠近山墙而不是住宅正面。另外，汽车泊位还分为租赁和购买两种情况，购房者有必要搞清楚：车位的月租金是多少；如果购买，今后月管理费是多少，然后仔细算一笔账再决定是租还是买车位。

6. 看价格

大家都明白，买房子当然绝不是越便宜越好，关键是要看性能价格比，也就是说是否物有所值、价格合理。购房者看中某一楼盘后，应当尽力克制购买冲动，耐心对同一区位、同等档次楼盘的性能进行比较，同时还要问清实价。

对有意购买的几个项目进行性能与价格的比较时，首先要弄清每个项目报的价格到底是什么价，有的是“开盘价”，即最低价；有的是“均价”；有的是“最高限价”；有的是整套价格、有的是套内建筑面积价格……最主要的是应弄清（或换算）所选房屋的实际价格，因为这几个房价出入很大，不弄明白会影响你的判断力。房屋出售时是“毛坯房”、“初装修”还是“精装修”，也会对房屋的价格有影响，比较房价时应考虑这一因素。

当几个楼盘站到同一起跑线上后，购房者首先可以将大大超过预算和性价比过差的项目剔除，然后再综合比较。一般来讲，性能越好的楼盘越贵，此时就需要冷静分析：哪些性能是必需的，哪些性能对自己无用，对于那些只会增加房价的华而不实的卖点性能一定要果断“割爱”。

7. 看日照

万物生长靠太阳，特别是对经常在家的老人和儿童来说，阳光入室是保证他们身心健康的基本条件。有效的日照能改善住宅的小气候，保证住宅的卫生，提高住宅的舒适度。住宅内的日照标准，由日照时间和日照质量来衡量。按照《住宅设计规范》规定：“每套住宅至少应有一个居住空间能获得日照，当一套住宅中居住空间总数超过4个时，其中宜有两个获得日照。”居住小区内的住宅“户户朝南”往往是开发商的强劲卖点，但值得注意的是：有些住宅楼南北之间间距达不到规范要求，南向窗面积很小或开在深凹槽里，往往使住宅不能获得有效日照。

8. 看通风

在炎热的夏季，良好的通风往往同寒冷季节的日照一样重要。如果住宅有南北两个朝向，夏季能有穿堂风，比住宅中所有居室都朝南，但没有穿堂风的要好。此外，还要注意住宅楼是否处在开敞的空间，住宅区的楼房布局是否有利于在夏季引进主导风，保证风路畅通。一些多层或板楼，从户型设计上看通风情况良好，但由于围合过紧，或是背倚高大建筑物，致使实际上无风光顾。

9. 看户型

平面布局合理是居住舒适的根本，好的户型设计应做到以下几点：

（1）入口有过度空间，即“玄关”，便于换衣、换鞋，避免一览无遗。

（2）平面布局中应做到“动、静”分区。动区包括起居厅、厨房、餐厅，其中餐厅和厨房应联系紧密并靠近住宅入口。静区包括主卧室、书房、儿童卧室等。若为双卫，带洗浴设备的卫生间应靠近主卧室。另一个则应在动区。

（3）起居厅的设计应开敞、明亮，有较好的视野，厅内不能开门过多，应有一个相对完整的空间摆放家具，便于家人休闲、娱乐、团聚。

（4）房间的开间与进深之比不宜超过1∶2。

（5）厨房、卫生间应为整体设计，厨房不宜过于狭长，应有配套的厨具、吊柜，应有放置冰箱的空间。卫生间应有独立可靠的排气系统。下水道和存水弯管不得在室内外露。

10. 看设备

住宅设备包括管道、抽水马桶、洗浴设备、燃气设备、暖气设备等等。主要应注意这些设备质量是否精良、安装是否到位，是否有方便、实用。以暖气为例，一些新建的小区，有绿色、环保、节能优点的壁挂式采暖炉温度可调，特别是家里有老人和儿童时，可将方便调节温度，达到最佳的舒适状态。

另外，在选择住房的时候，也应当注意配套设备技术的成熟度，即是否被广泛使用，是否经过市场检验。一些开发商为制造卖点，盲目使用不成熟的高科技产品，最终有可能造成用户的使用不便或是高额支出。

11. 看节能

住宅应采取冬季保温和夏季隔热、防热及节约采暖和空调能耗的措施。屋顶和西向外窗应采取隔热措施。例如，在我国北方地区冬季寒冷，北向窗户不宜过大，并应尽量提高窗户的密封性。住宅外墙应有保温、隔热性能，如外围护墙较薄时，应加保温构造。

12. 看隔音

噪声对人的危害是多方面的，它不仅干扰人们的生活、休息，还会引起多种疾病。《住宅设计规范》规定，卧室、起居室的允许噪声级白天应小于50分贝，夜间应小于或等于40分贝。购房者虽然大多无法准确测量分贝，但是应当注意：住宅应与居住区中的噪声源如学校、农贸市场等保持一定的距离；临街的住宅为了尽量减少交通噪声应有绿化屏幕、分户墙；楼板应有合乎标准的隔声性能，一般情况下，住宅内的居室、卧室不能紧邻电梯布置以防噪音干扰。

13. 看私密性

住宅之间的距离除考虑日照、通风等因素外，还必须考虑视线的干扰。一般情况下，人与人之间的距离24米内能辨别对方，12米内能看清对方容貌。为避免视线干扰，多层住宅居室与居室之间的距离以不小于24米为宜，高层住宅的侧向间距宜大于20米。此外，若设计考虑不周，塔式住宅侧面窗与正面窗往往形成“通视”现象，选择住宅时应予以注意。

14. 看结构

住宅的结构类型主要是以其承重结构所用材料来划分的，一般目前常见的住宅结构有砖混结构和钢筋混凝土结构。

砖混结构的主要承重结构是黏土砖和小部分钢筋混凝土构件，只适用于多层住宅，它的优点是造价低，保温、隔热性能好，便于施工。缺点是房屋开间、进深受限制，室内格局一般不能改变，墙体结构占据空间过多，整体性、耐久性较差。

钢筋混凝土结构适用于中高层住宅。总体说来，钢筋混凝土结构抗震性能好，整体性强，防火性能、耐久性能好，室内结构较砖混结构灵活。但这种结构的施工难度相对较大，结构造价也相对较高。

15. 看抗震、防火

地震烈度表示地面及房屋建筑遭受地震破坏的程度，大中心城市的住宅应按 8 度（不是 8 级）设防。19 层及 19 层以上的普通住宅耐火等级应为一级；10 层至 18 层的普通住宅耐火等级不应低于二级。19 层及 19 层以上的普通住宅、塔式住宅应设防烟楼梯间和消防电梯。

16. 看年限

住宅的使用年限是指住宅在有形磨损下能维持正常使用的年限，是由住宅的结构、质量决定的自然寿命。住宅的折旧年限是指住宅价值转移的年限，是由使用过程中社会经济条件决定的社会必要平均使用寿命，也叫经济寿命。住宅的使用年限一般大于折旧年限。不同建筑结构的折旧年限国家的规定是：钢筋混凝土结构 60 年；砖混结构 50 年。

17. 看面积

很多人觉得大面积、超豪华的住宅才好用，其实尺度过大的住宅，人在里面并不一定感觉舒服。从经济上考虑，大住宅不仅购房支出大，而且今后在物业、取暖等方面的支出也会增加。

住宅档次的高低其实不在于面积的大小，专家认为，三口之家面积有 70 至 90 平方米就基本能够满足日常生活需要，关键的问题在于住宅是否经过了精心设计、是否合理地配置了起居室、卧室、餐厅等功能，是否把有限的空间充分利用了起来。

18. 看分摊

商品房的销售面积 = 套内建筑面积 + 分摊的公用建筑面积

套内建筑面积＝套内使用面积＋套内墙体面积＋阳台建筑面积

套内建筑面积比较直观，分摊的公共面积则可能会有出入。分摊的公共建筑面积包括公共走廊、门厅、楼梯间、电梯间、候梯厅等。购房者买房时，一定要注意公摊面积是否合理，一般多层住宅的公摊面积较少，高层住宅由于公共交通面积大，公摊面积较多。同样使用面积的住宅，公摊面积小，说明设计经济合理，购房者能得到较大的私有空间。但值得注意的是：分摊面积也并不是越小越好，比如楼道过于狭窄，肯定会减少居住者的舒适度。

19. 看物业管理

买房时，购房者一定要问问，物业公司是否进入了项目，何时进入项目。一般来说，物业公司介入项目越早，买房者受益越大。

若在住宅销售阶段物业公司还没有介入，开发商在物业管理方面做出许多不现实、不合理的承诺，如物业费如何低，服务如何好等等，待物业公司一核算，成本根本达不到，承诺化为泡影，购房者就会有吃亏上当的感觉。

一些开发商将低物业收费作为卖点实在没有什么可信度，因为物业收费与开发商根本没有什么太大关系。项目开发、销售完毕，开发商就拔营起寨、拍拍屁股走人了，住户将来长期面对的是物业管理公司。物业管理是一种长期的经营行为，如果物业收费无法维持日常开销，或是没有利润，物业公司也不肯干。一般来说，规模较大的社区能够为餐馆、超市、洗衣店、会所等项目提供充足的客源，住户也相对容易得到稳定、完善和低价的物业服务。如果购房者难以承受每月数百元的固定物业管理支出，建议干脆选择经济适用房项目，因为经济适用房的物业收费标准很低，而且受政策的严格控制。

第八章

安全性高的债券

债券是一种有价证券，是社会各类经济主体（包括政府、金融机构、各类工商企业）为筹措资金而向债券投资者出具的，并且承诺以一定利率定期支付利息和到期偿还本金的债权债务凭证。

理财小格言

每一个以亿为单位的数字的背后，除了艰辛的创业史外，还有自成体系的理财方式。

其实世界上没有传奇，只有不为传奇而努力；其实赚一亿并不难，难的是让理财方式适合自己。

——萧伯纳

购买债券实际上就是把钱借给债券的发行者，从这个意义上说，债券的性质跟借款收据是一样的。但是，债券通常有固定的格式，较为规范，因此持券人可以在债券到期前随时把债券卖给第三者，而借款收据就不能做到这一点。由于债券的利息通常是事先确定的，所以债券又被称为固定利息证券。

债券反映了一种法律和信用的经济权益关系，债务人有权利使用借款，但是也有按照约定条件偿还借款本金利息的义务。债权人拥有要求债务人履行义务的权力。

一、债券的特征

从投资者的角度看，作为一种重要的融资手段和金融工具，债券具有以下四个特征：偿还性、流动性、安全性、收益性。

1. 偿还性

债券一般都规定有偿还期限，发行人必须按约定条件偿还本金并支付利息。

2. 流动性

债券的流动性是指债券在偿还期限到来之前，可以在证券市场上自由流通和转让。一般来说，如果一种债券在持有期内不能够转化为货币，或者转化为货币需要较大的成本（如交易成本或者资本损失），这种债券的流动性就比较差。一般而言，债券的流动性与发行者的信誉和债券的期限紧密相关。

由于债券具有这一性质，保证了投资者持有债券与持有现款或将钱存入银行几乎没有什么区别。而且，目前几乎所有的证券营业部或银行部门都开设债券买卖业务，且收取的各种费用都相应较低，方便债券的交易，增强了其流动性。

3. 安全性

债券的安全性主要表现在以下两个方面：一是债券利息事先确定，即使是浮动利率债券，一般也有一个预定的最低利率界限，以保证投资者在市场利率波动时免受损失；二是投资的本金在债券到期后可以收回。

虽然如此，债券也有信用风险及市场风险。

信用风险，或称不履行债务的风险，是指债券的发行人不能充分和按时支付利息或偿付本金的风险，这种风险主要决定于发行者的资信程度。

信用等级高，信用风险就小。信用风险对于每一个投资者来说都是存在的。一般来说，政府的资信程度最高，其次为金融公司和企业。

市场风险是指债券的市场价格随资本市场的利率上涨而下跌。当利率下跌时，债券的市场价格便上涨；而当利率上升时，债券的市场价格就下跌。债券的有效期越长，债券价格受市场利率波动的影响就越大。随着债券到期日的临近，债券的价格便趋于债券的票面价值。

4. 收益性

债券的收益性主要表现在两个方面：一是投资债券可以给投资者定期或不定期地带来利息收入；二是投资者可以利用债券价格的变动，买卖债券赚取差额。

因债券的风险比银行存款要大，所以债券的利率也比银行高。如果债券到期能按时偿付，购买债券就可以获得固定的、一般是高于同期银行存款利率的利息收入。

债券的偿还性、流动性、安全性与收益性之间存在着一定的矛盾。一般来讲，一种债券难以同时满足上述的四个特征。如果债券的流动性强，安全性就强，人们便会争相购买，于是该种债券的价格就上升，收益率下降；反之，如果某种债券的流动性性差，安全性低，那么购买的人就少，债券的价格就低，其收益率就高。对于投资者来说，可以根据自己的财务状况和投资目的来对债券进行合理地选择与组合。

二、债券的基本要素

1. 票面价值

债券的票面价值包括票面货币币种和票面金额两个因素。

债券票面价值的币种即债券以何种货币作为其计量单位，要依据债券的发行对象和实际需要来确定。若发行对象是国内有关经济实体，可以选择本币作为债券价值的计量单位；若是发行对象是国外的有关经济实体，可以选择发行地国家的货币或者国际通用货币作为债券价值的计量单位。

债券的票面金额要依据债券的发行成本、发行数额和持有者的分布来确定。

2. 偿还期限

偿还期限是指债券发行之日起到偿还本息之日的时间。一般可以分为三类：偿还期限在一年以内的是短期债券；偿还期限在一年以内十年以下的是中期债券，偿还期限在十年以上的是长期债券。

债券期限的长短主要取决于债务人对资金的需求、利率变化趋势、证券交易市场的发达程度等因素。

3. 票面利率

票面利率是指债券的利息与债券票面的比率，它会直接影响发行人的筹资成本。

影响债券利率高低的因素主要有银行利率、发行者的资信状况、债券的偿还期限以及资本市场资金的供求状况。

4. 付息方式

债券分为一次性付息与分期付息两大类。一次性付息有三种形式：单利计息、复利计息、贴现计息。分期付息一般采取年付息、半年付息和季付息三种方式。

5. 债券价格

债券价格包括发行价格和交易价格两种。

债券的发行价格是指债券发行时确定的价格，可能不同于债券的票面金额。当债券的发行价格高于票面金额时，称为溢价发行；当债券的价格低于票面金额时，称为折价发行；当二者相等时，称为平价发行。选择何种方式取决于二级市场的交易价格以及市场的利率水平等。

债券的交易价格。债券离开发行市场进入交易市场时采用的价格。交易价格随着利率以及二级市场上的供求关系来决定，通常与票面价值是不同的。

6. 偿还方式

债券分为期满后偿还和期中偿还两种。主要方式有：选择性购回，即有效期内，按约定价格将债券回售给发行人。定期偿还，即债券发行一段时间后，每隔半年或一年，定期偿还一定金额，期满时还清剩余部分。

7. 信用评级

信用评级是测定因债券发行人不履约，而造成债券本息不能偿还的可能性。其目的是把债券的可靠程度公诸投资者，以保护投资者的利益。

三、债券的分类

债券的种类名目繁多，按不同的标准可划分出许多类别的债券。另外，随着人们对融通资金需要的多元化，不断会有各种新的债券形式产生。目前，常见的债券类型主要有七种，见表 8 -1。

表 8 -1　债券的常见类别

分类标准	债券种类
按发行主体分类	政府债券；金融债券；公司债券；国际债券
按偿还期限分类	短期债券；中期债券；长期债券；永久债券
按利息的支付方式分类	附息债券；贴现债券，又称贴水债券
按债券的利率浮动与否分类	固定利率债券；浮动利率债券
按是否记名分类	记名债券；不记名债券
按有无抵押担保分类	信用债券，也称无担保债券；担保债券
按债券本金的偿还方式分类	期满偿还债券；期中偿还债券；延期偿还债券

四、债券投资策略

债券投资策略可以分为消极型投资策略和积极型投资策略两种，每位投资者可以根据自己资金来源和用途来选择适合自己的投资策略。具体来说，在决定投资策略时，投资者应该考虑自身整体资产与负债的状况以及未来现金流的状况，达到收益性、安全性与流动性的最佳结合。

一般而言，投资者应在投资前认清自己，明白自己是积极型投资者还是消极型投资者。决定投资者类型的关键并不是投资金额的大小，而是他们愿意花费多少时间和精力来管理自己的投资。积极型投资者一般愿意花费较多时间和精力管理他们的投资，通常他们的投资收益率较高；而消极型投资者一般只愿花费很少的时间和精力管理他们的投资，通常他们的投资收益率也相应地较低。

1. 消极性投资策略

大多数投资者都是消极型投资者，因为他们都缺少时间和缺乏必要的投资知识。消极型投资策略是一种不依赖于市场变化而保持固定收益的投资方法，其目的在于获得稳定的债券利息收入和到期安全收回本金。因此，消极型投资策略也常常被称作保守型投资策略。

（1）购买持有法。

购买持有法，是指在对债券市场上所有的债券进行分析之后，根据自己的爱好和需要，买进能够满足自己要求的债券，并一直持有到到期兑付之日，在持有期间并不进行任何买卖活动。

这是最简单的债券投资策略，也是大多数投资者所采用的投资策略。

（2）梯形投资法。

梯形投资法，又称等期投资法，就是每隔一段时间，在债券发行市场认购一批相同期限的债券，每一段时间都如此，接连不断，这样，投资者在以后的每段时间都可以稳定地获得一笔本息收入。

（3）三角投资法。

所谓三角投资法，就是利用债券投资期限不同所获本息和也就不同的原理，使得在连续时段内进行的投资具有相同的到期时间，从而保证在到期时收到预定的本息和。这个本息和可能已被投资者计划用于某种特定的消费。

三角投资法和梯形投资法的区别在于，虽然投资者都是在连续时期（年份）内进行投资，但是这些在不同时期投资的债券的到期期限是相同的，而不是债券的期限相同。

2. 积极型投资策略

积极型投资策略，是指投资者着眼于债券市场价格变化所带来的资本损益，采用抛售一种债券并购买另一种债券的方式来获得差价收益的投资方法。这种方法要求投资者具有丰富的债券投资知识及市场操作经验，并且要支付相对比较多的交易成本。

（1）逐次等额买进摊平法。

逐次等额买进摊平法，是指在确定购买某种债券后，选择一个合适的投资时期，在这一段时期中定量定期地购买国债，不论这一时期该债券价格如何波动都持续地进行购买，这样可以使投资者的每百元平均成本低于平均价格。运用这种操作法，每次投资时，要严格控制所投入资金的数量，保证投资计划逐次等额进行。

（2）金字塔式操作法。

与逐次等额买进摊平法不同，金字塔式操作法实际是一种倍数买进摊平法。

当投资者第一次买进债券后，发现价格下跌时可加倍买进。在债券价格下跌过程中，每一次购买数量比前一次增加一定比例，这样就成倍地加大了低价购入的债券占购入债券总数的比重，降低了平均总成本。由于这种买入方法呈正三角形趋势，形如金字塔形，所以称为金字塔式操作法。

在债券价格上升时，运用金字塔式操作法买进债券，则需每次逐渐减少买进的数量，以保证最初按较低价买入的债券在购入债券总数中占有较大比重。

债券的卖出也同样可采用金字塔式操作法，在债券价格上涨后，每次加倍抛出手中的债券，随着债券价格的上升，卖出的债券数额越大，以保证高价卖出的债券在卖出债券总额中占较大比重而获得较大盈利。

运用金字塔式操作法买入债券，必须对资金做好安排，以避免最初投入资金过多，以后没有足够投资无法加倍摊平。

第九章

国际化的交易——外汇

外汇交易就是一国货币与另一国货币进行兑换。外汇交易是世界上最大的交易，每天成交额逾15 000亿美元。与其他金融市场不同，外汇市场没有具体地点，也没有中央交易所，而是通过银行、企业和个人间的电子网络进行交易。由于缺少具体的交易所，因此外汇市场能够24小时运作。在交易过程中的讨价及还价，则经由各大信息公司传递出来，各投资者实时得知外汇交易的行情。

一、外汇及汇率

1. 外汇

外汇有动态和静态两种含义。

动态意义上的外汇，是指人们将一种货币兑换成另一种货币，清偿国际间债权债务关系的行为。这个意义上的外汇概念等同于国际结算。

静态意义上的外汇又有广义和狭义之分。

广义的静态外汇是指一切用外币表示的资产。中国以及其他各国的外汇管理法令中一般沿用这一概念。根据《中华人民共和国外汇管理条例》中规定，外汇是指：外国货币，包括钞票、铸币等；外币支付凭证，包括票据、银行存款凭证、邮政储蓄凭证等；外币有价证券，包括政府债券、公司债券、股票等；特别提款权、欧洲货币单位；其他外汇资产。从这个意义上说外汇就是外币资产。

狭义的静态外汇是指以外币表示的可用于国际之间结算的支付手段。从这个意义上讲，只有存放在国外银行的外币资金，以及将对银行存款的索取权具体化了的外币票据才构成外汇，主要包括银行汇票、支票、银行存款等。这就是通常意义上的外汇概念。

2. 汇率

汇率，又称汇价、外汇牌价或外汇行市，即外汇的买卖价格。它是两国货币的相对比价，也就是用一国货币表示另一国货币的价格。

在外汇市场上，汇率是以五位数字来显示的，如欧元 EUR 0.9705、日元 JPY 119.95、英镑 GBP 1.5237。

汇率的最小变化单位为一点，即最后一位数的一个数字变化，如欧元 EUR 0.0001、日元 JPY 0.01、英镑 GBP 0.0001。

按国际惯例，通常用三个英文字母来表示货币的名称，以上中文名称后的英文即为该货币的英文代码。

3. 汇率的标价方式

汇率的标价方式分为两种：直接标价法和间接标价法。外汇市场上的报价一般为双向报价，即由报价方同时报出自己的买入价和卖出价，由客户自行决定买卖方向。买入价和卖出价的价差越小，对于投资者来说意味着成本越小。

（1）直接标价法。

直接标价法，又叫应付标价法，是以一定单位的外国货币为标准来计算应付出多少单位本国货币。就相当于计算购买一定单位外币应付多少本币，所以叫应付标价法。在国际外汇市场上，日元、瑞士法郎、加元等均为直接标价法。比如，日元 119.05 表示 1 美元兑换 119.05 日元。

在直接标价法下，若一定单位的外币折合的本币数额多于前期，则说明外币币值上升或本币币值下跌，叫做外汇汇率上升；反之，如果要用比原来少的本币即能兑换到同一数额的外币，这说明外币币值下跌或本币币值上升，叫做外汇汇率下跌。

（2）间接标价法。

间接标价法，又称应收标价法。它是以一定单位的本国货币为标准，来计算应收若干单位的外国货币。在国际外汇市场上，欧元、英镑、澳元等均为间接标价法。如欧元 0.9705 即 1 欧元兑 0.9705 美元。

在间接标价法中，本国货币的数额保持不变，外国货币的数额随着本国货币币值的对比变化而变动。如果一定数额的本币能兑换的外币数额比前期少，这表明外币币值上升，本币币值下降，即外汇汇率上升；反之，如果一定数额的本币能兑换的外币数额比前期多，则说明外币币值下降、本币币值上升，即外汇汇率下跌。

4. 汇率分析

分析汇率的方法主要有两种：基础分析和技术分析。基础分析是对影响外汇汇率的基本因素进行分析，基本因素主要包括各国经济发展水平与状况，世界、地区与各国政治情况，市场预期等。技术分析是借助心理学、统计学等学科的研究方法和手段，通过对以往汇率的研究，预测出汇率的未来走势。

在外汇分析中，基本不考虑成交量的影响，即没有价量配合，这是外汇汇率技术分析与股票价格技术分析的显著区别之一。因为，国际外汇市场是开放和无形的市场，先进的通讯工具使全球的外汇市场联成一体，市场的参与者可以在世界各地进行交易，（除了外汇期货外）某一时段的外汇交易量无法精确统计。

二、外汇市场

外汇市场是指由银行等金融机构、自营交易商、大型跨国企业参与的，通过中介机构或电讯系统联结的，以各种货币为买卖对象的交易市场。它可以是有形的——如外汇交易所，也可以是无形的——如通过电信系统交易的银行间外汇交易。

目前，世界上大约有30多个主要的外汇市场，它们遍布于世界各大洲的不同国家和地区。根据传统的地域划分，可分为亚洲、欧洲、北美洲等三大部分。其中，最重要的有欧洲的伦敦、法兰克福、苏黎世和巴黎，美洲的纽约和洛杉矶，澳大利亚的悉尼，亚洲的东京、新加坡和香港等。

每个外汇市场都有其固定和特有的特点，但所有市场都有共性。各市场被距离和时间所隔，它们敏感地相互影响又各自独立。一个中心每天营业结束后，就把订单传递到别的中心，有时就为下一市场的开盘定下了基调。这些外汇市场以其所在的城市为中心，辐射周边的其他国家和地区。由于所处的时区不同，各外汇市场在营业时间上此开彼关，循环着挂牌营业。它们相互之间通过先进的通信设备和计算机网络连成一体，市场的参与者可以在世界各地进行交易，外汇资金流动顺畅，市场间的汇率差异极小，形成了全球一体化运作、全天候运行的统一的国际外汇市场。其简单情况可见表9－1。

表9－1　主要外汇市场的营业时间

地区	城市	开市时间(GMT)	收市时间(GMT)
亚洲	悉尼	11:00	19:00
	东京	12:00	20:00
	香港	13:00	21:00
欧洲	法兰克福	08:00	16:00
	巴黎	08:00	16:00
	伦敦	09:00	17:00
北美洲	纽约	12:00	20:00

三、外汇交易

外汇交易不仅是国际贸易的一种工具，而且已经成为国际上最重要的金融商品。外汇交易的种类也随着外汇交易的性质变化而日趋多样化。

外汇交易主要可分为现钞、现货、合约现货、期货、期权、远期等交易。具体来说，现钞交易是旅游者以及由于其他各种目的需要外汇现钞者之间进行的买卖，包括现金、外汇旅行支票等；现货交易是大银行之间，以及大银行代理大客户的交易，买卖约定成交后，最迟在两个营业日之内完成资金收付交割；合约现货交易是投资人与金融公司签订合同来买卖外汇的方式，适合于大众的投资；期货交易是按约定的时间，并按已确定汇率进行交易，每个合同的金额是固定的；期权交易是将来是否购买或者出售某种货币的选择权而预先进行的交易；远期交易是根据合同规定在约定日期办理交割，合同可大可小，交割期也较灵活。

由于本书主要面对个人投资者，因此下面结合中国实情具体介绍一下现货、合约现货以及期货交易。

1. 现货外汇交易（实盘交易）

通过国内的商业银行，将自己持有的某种可自由兑换的外汇（或外币）兑换成另外一种可自由兑换的外汇（或外币）的交易，称为外汇实盘交易。所谓“实盘”，指的是在这种交易中，客户不能使用类似于期货交易中的融资方式，即在缴纳保证金之后从银行融资从而将交易金额放大若干倍。

目前国内的商业银行为外汇实盘交易提供了多种交易方式。交易者可以通过银行柜台、银行营业厅内的个人理财终端、电话和互联网进行外汇实盘交易。各种交易方式的详细说明请参考开户银行提供的帮助文件。

如果客户选择柜台交易或使用个人理财终端进行交易，交易时间仅限于银行正常工作日的工作时间，多为周一至周五的9:00至17:00，公休日、法定节假日及国际市场休市均无法进行交易。而如果客户选择电话交易或者互联网交易，一般来说，交易时间将从周一8:00一直延续到周六下午5:00，公休日、法定节假日及国际市场休市同样不能交易。可见，除了非要去现场感受气氛，通过电话或者互联网交易才是更佳的选择。

2. 合约现货外汇交易（按金交易）

合约现货外汇交易，又称外汇保证金交易、按金交易、虚盘交易，指投资者和专业从事外汇买卖的金融公司（银行、交易商或经纪商）签订委托买卖外汇的合同，缴付一定比率（一般不超过10%）的交易保证金，便可按一定融资倍数买卖外汇。因此，这种合约形式的买卖只是对某种外汇的某个价格作出书面或口头的承诺，然后等待价格出现上升或下跌时，再作买卖的结算，从变化的价差中获取利润，当然也承担了亏损的风险。由于这种投资所需的资金可多可少，所以近年来吸引了许多投资者的参与。

外汇投资以合约形式出现，主要的优点在于节省投资金额。以合约形式买卖外汇，投资额一般不高于合约金额的5%，而得到的利润或付出的亏损却是按整个合约的金额计算的。外汇合约的金额是根据外币的种类来确定的，每张合约的价值约为10万美元。每种货币的每个合约的金额是不能根据投资者的要求改变的。投资者可以根据自己定金或保证金的多少，买卖几个或几十个合约。一般情况下，投资者利用1 000美元的保证金就可以买卖一个合约，当外币上升或下降，投资者的盈利与亏损是按合约的金额（即10万美元）来计算的。

有人认为以合约形式买卖外汇比实买实卖的风险要大，但我们仔细地把两者加以比较就不难看出事实并非如此。

假设，在1美元兑换135.00日元时购买日元，那么实盘交易与按金交易的盈利与风险有什么差别呢？请参见表9-2。

表 9-2 实盘交易与按金交易的盈利与风险比较

	实买实卖形式		保证金形式
购入 12 500 000 日元	需要 US $ 92 592. 59		需要 US $ 1 000. 00
若日元汇率上升 100 点	盈利	US $ 680. 00	US $ 680. 00
	盈利率	680/92 592. 59 = 7. 34%	680/1 000 = 68%
若日元汇率下跌 100 点	亏损	US $ 680. 00	US $ 680. 00
	亏损率	680/92 592. 59 = 7. 34%	680/1 000 = 68%

从表 10-2 中可以发现，实盘交易与按金交易的盈利与亏损在金额上是完全相同的，所不同的只是投资者投入资金的差异。实买实卖的要投入 9 万多美元，才能买卖 12 500 000 日元，而采用保证金的形式只需 1 000 美元，两者投入的金额相差 90 多倍。因此，采取合约形式对投资者来说投入小、产出多，比较适合大众的投资，可以用较小的资金赢得较多的利润。

但是，采取保证金形式买卖外汇特别要注意的问题是，由于保证金的金额虽小，但实际撬动的资金却十分庞大，而外汇汇价每日的波幅又很大，如果投资者在判断外汇走势方面失误，就很容易造成保证金的全军覆没。以表 10-2 为例，同样是 100 点的亏损幅度，投资者的 1 000 美元就亏掉了 680 美元。如果日元继续贬值，投资者又没有及时采取措施，就要造成不仅保证金全部赔掉，而且还可能要追加投资。因此，高收益和高风险是对等的，但如果投资者方法得当，风险是可以管理和控制的。

在合约现货外汇交易中，投资者还可能获得可观的利息收入。合约现货外汇的计息方法，不是以投资者实际的投资金额，而是以合约的金额计算。例如，投资者投入 1 万美元作保证金，共买了 5 个合约的英镑。那么，利息的计算不是按投资人投入的 1 万美元计算，而是按 5 个合约的英镑的总值计算，即英镑的合约价值乘合约数量（62 500 英镑 ×5）。这样一来，利息的收入就很可观了。当然，如果汇价不升反跌，那么投资者虽然拿了利息，但也抵消不了价格变化所带来的损失。

财息兼收也不意味着买卖任何一种外币都有利息可收，只有买高息外币才有利息的收入，卖高息外币不仅没有利息收入，投资者还须支付利息。由于各国的利息会经常调整，因此，不同时期不同货币的利息的支付或收取是不一样的，投资者要以从事外币交易的交易商公布的利息收取标准为依据。

合约现货外汇买卖的方法，既可以在低价先买，待价格升高后再卖出，也可以在高价位先卖，等价格跌落后再买入。外汇的价格总是在波浪中攀升或下跌的。这种既可先买又可先卖的方法，不仅在上升的行情中获利，也可以在下跌的形势下赚钱。投资者若能灵活运用这一方法，无论升市还是跌市都可以左右逢源。

3. 期货外汇交易

期货外汇交易是指在约定的日期，按照已经确定的汇率，用美元买卖一定数量的另一种货币。期货外汇的买卖是在专门的期货市场进行的。

目前，全世界的期货市场主要有：芝加哥期货市场、纽约商品交易所、悉尼期货市场、新加坡期货市场、伦敦期货市场。期货市场至少要包括两个部分：一是交易市场，另一个是清算中心。期货的买方或卖方在交易所成交后，清算中心就成为其交易对方，直至期货合同实际交割为止。

期货外汇买卖最少是一个合同，每一个合同的金额，不同的货币有不同的规定。

期货外汇合同的交割日期有严格的规定。期货合同的交割日期规定为一年中的3月份、6月份、9月份、12月份的第3个星期的星期三。这样，一年之中只有4个合同交割日，其他时间可以进行买卖，不能交割。如果交割日银行不营业则顺延一天。

期货外汇合同的价格全是用一个外币等于多少美元来表示的。因此，除英镑之外，期货外汇价格和合约外汇汇价正好互为倒数。例如，12月份瑞士法郎期货价格为0.6200，倒数正好为1.6126。

期货外汇买卖并没有利息的支出与收入的问题，无论买还是卖任何一种外币，投资者都得不到利息，当然也不必支付利息。

期货外汇的买卖方法和合约现货外汇完全一样，既可以先买后卖，也可以先卖后买，即可双向选择。

四、外汇投资妙招

（1）善用理财预算。

想成为炒外汇高手，首先要有充足的投资资本，如有亏损产生不至于影响你的生活，切记勿用你的生活资金作为交易的资本，资金压力过大会误导你的投资策略，徒增交易风险，而导致更大的错误。

（2）善用免费仿真账户。

初学者要耐心学习，循序渐进，勿急于开立真实交易账户。不要与其他人比较，因为每个人所需的学习时间不同，获得的心得亦不同。在仿真交易的学习过程中，你的主要目标是发展出个人的操作策略与形态，当你的获利概率日益提高，每月获利额逐渐提升，表示你可开立真实交易账户进行炒外汇了。

（3）炒外汇不能只靠运气。

当你的获利交易笔数比亏损的交易笔数还要多，而且你的账户总额为增加的状况，那表示你已找到炒外汇的诀窍。但是，如果你在5笔交易中亏损2 000美元，在另一笔交易中获利3 000美元，虽然你的账户总额是增加的状况，但千万不要自以为是，这可能只是你运气好或是你冒险地以最大交易口数的交易量取胜，你应谨慎操作，适时调整操作策略。

（4）只有直觉没有策略的交易是个冒险行为。

在仿真交易中创造出获利的结果是不够的，了解获利产生的原因及发展出你个人的获利操作手法是同等重要。交易的直觉很重要，但只靠直觉去做交易是不可接受的。

（5）善用停损单减低风险。

当你做交易的同时应确立可容忍的亏损范围，善用停损交易，才不至于出现巨额亏损，亏损范围依账户资金情形，最好设定在账户总额3% ~ 10%，当亏损金额已达你的容忍限度，不要找寻借口试图孤注一掷去等待行情回转，应立即平仓。

应依账户金额衡量交易量，勿过度交易。如果账户资金少于3 000美元，适合做1口交易；账户资金介于3 000 ~ 5 000美元，除非你能确定目前的走势对你有利，否则交易口数不宜超过2口；如果账户金额有10 000美元，交易口数不宜超过3口。依据这个规则，可有效地控制风险，一次交易过多的口数是不明智的做法，很容易产生失控性的亏损。

（6）学会彻底执行交易策略。

交易最大致命性而且会摧毁每件事的错误是，当你（在损失已扩大至一个仓位损失了2 000美元）开始找借口不要认赔平仓，想着行情可能一下子就会回转？在你持续有这个念头时，就不会有心去结束这个损失继续扩大的仓位，而只会失去理智地等待着行情回转。市场变化是无情的，不会因为任何人的痴心等待而回转行情。当损失超过1 000美元或更多时，最终交易人将会被迫平仓，交易人不只损失了金钱也损失了魄力，他们会让自己失去信心及决定，这个错误产生的原因很简单——贪。损失200美元，不会让你失去补回损失的机会，而且有可能下次的交易能获利更多，但是在一两笔交易中损失2 000 ~ 3 000美元，你彻底毁了赚更多钱的机会，这笔损失难以补平。为了避免这个致命性错误的产生，必须记住一个简单的规则：不要让风险超过原已设定的可容忍范围，一旦损失已至原设定的限度，不要犹豫，立即平仓！

（7）交易资金要充足。

账户金额越少，交易风险越大，因此要避免让交易账户仅有1 000美元水平，1 000美元的账户金额是不容许犯下一个错误，但是，即使经验丰富的炒外汇人也有判断错误的时候。

（8）错误难免，要记取教训，切勿重蹈覆辙。

错误及损失的产生在所难免，不要责备你自己，重要的是从中记取教训，避免再犯同样的错误。你越快学会接受损失，记取教训，获利的日子越快来临。另外，要学会控制情绪，不要因赚了800美元而雀跃不已，也不用因损失了200美元而想撞墙。交易中，个人情绪越少，你越能看清市场的情况并做出正确的决定。要以冷静的心态面对得失，要了解交易人不是从获利中学习，而是从损失中成长，当了解每一次损失的原因时，即表示你又向获利之途迈进一步，因为你已找到正确的方向。

（9）你是自己最大的敌人。

交易人最大的敌人是自己——贪婪、急躁、失控的情绪、没有防备心、过度自我等等，很容易让你忽略市场走势而导致错误的交易决定。不要单纯为了很久没有进场交易或是无聊而进行交易，这里没有一定的标准规定必须于某一期间内交易多少量，即使你在2~3天内仅开立一个仓位，但是这笔交易获利了600~800美元，表示你的决策是正确的，并无任何不妥。

（10）记录决定交易的因素。

每日详细记录决定交易的因素，当时是否有什么事件消息或是其他原因让你做了交易决定，做了交易后再加以分析并记录盈亏结果。如果是个获利的交易结果，表示你的分析正确，当相似或同样的因素再次出现时，你的所做的交易记录将有助于你迅速做出正确的交易决定；当然亏损的交易记录可让你避免再次犯同样的错误。你无法将所有交易经验全部记在脑海中，所以这个记录有助于提升你的交易技巧及找出错误何在。

（11）参考他人经验与意见，从中学习。

交易决定应以你自己对市场的分析及感觉为基础，再参考他人意见。如果你的分析结果与他人相同，那很好；如果不同，那也不用太紧张。然而，如果你的分析结果与他人真的相差太悬殊，而你开始怀疑自己的分析，此时最好不要进行真实交易，仅以仿真账户来进行。如果你对自己的决定很有信心，不要犹豫，做了就是，你的多项预测将会有对的一个，如果你的预测错误，要找出错误所在。

（12）顺势操作，勿逆势而行。

要记住市场古老通则：亏损部位要尽快终止，获利部位能持有多久就放多久。另一重要守则是不要让亏损发生在原已获利的部位上，面对市场突如其来的反转走势，与其平仓于没有获利的情形也不要让原已获利的仓位变成亏损的情形。

（13）切勿有急于翻身的交易心态。

面对亏损的情形，切记勿急于开立反向的新仓位欲图翻身，这往往只会使情况变得更糟。只有在你认为原来的预测及决定完全错误的情况之下，可以尽快了结亏损的仓位再开一个反向的新仓位。不要跟市场变化玩猜一猜的游戏，错失交易机会，总比产生亏损来得好。

（14）循序渐进，以谨慎的态度学习炒外汇。

在仿真操作中操作技巧已成熟而且获利持续增加后，你尝试着付费参加1 000美元奖金的仿真交易竞赛。在需付费的仿真交易竞赛中学习炒外汇是无意义的，在仿真交易竞赛中，或许你会因为要取得优胜奖金而尝试高风险的交易方式，即使你真的获胜了，这不表示你能自信满满在真实交易中以这种冒险方式进行交易，因为可能会损失真实资金。

（15）以真实交易的心态进行仿真交易。

要以真实交易的心态去做仿真交易，你越快进入状态，就越快可以发展出可应用于真实交易的赚钱技巧。必须将仿真交易当成真实交易来进行，是因为你所发展出的交易技巧为你的真实交易打下了良好基础。

（16）仿真操作尽量避开汇价变动频繁难以预测的时段。

初学者进行仿真交易应避开汇价变动频繁时段，如纽约时间星期天晚上，因为此时是亚洲时区星期一早上，此时汇价较无脉络可循，难以预测；另一个是纽约时间星期五的时间，尤其是早上时间，此时市场中较多人欲处理这个星期的仓位，使得汇价较可能有出乎意料的变动，而且如在美国经济情势不确定的情形下，会有较多卖出美元的情形。如果仿真初期你在这种时段进行交易，只会影响你的交易信心。

（17）仿真初期应采取定时操作的方式，以摸索及了解各种货币的变化。

在仿真初期每天于同样的时间进行交易，这有助于了解各种货币的走势，因为每种货币每天在不同的时间有不同的变化，一开始你很难了解其中的变化情形，定时操作较容易找出特定货币的走势特性。每日交易的开始与结束时段，更应阅读市场上各项消息及观看货币走势图，以助做出正确的交易。

第十章

收藏爱好也能成为投资

一、收藏品种类繁多

收藏热在持续升温，收藏的品种也越来越多样化。据统计，目前收藏的种类已达 130 多个，而实际却不下四五百种。从事收藏的人与日俱增，收藏者的成分也日趋复杂。目前全国具有独立法人资格的一级收藏协会就有四十多家。协会里机构设置最多的要数东方收藏家协会，共建立了：古玩、钱币、火花、门券、烟标、民间艺术品、书刊、旅游纪念品、证章、邮品、照相机、文化生活、金石书画，以及为培养育少年收藏兴趣的育少年分会共 15 个专业委员会，可见现在收藏发展的规模。

具体收藏的品类有多少，很难用数字统计出来，但罗列出来，倒也有点意思：有邮品、武器、明清家具、名人印章、紫砂壶、名人书画、旧墨、古砚、毛笔、古筝、古七弦琴、钥匙链、口琴、筷子、瓷器、汤匙、剪纸、火花、藏书票、奇石、古鞋、戏服、圣旨、御记、瓦当、古钱币、纸币、宝石、鼻烟壶、门券、碑帖、请柬、照相机、唱片、图书、像章、烟标、钟表、算盘、雨花石、酒、酒瓶、酒标、船模型、火车模型、轿车模型、根雕、牙雕、微雕、木雕、骨雕、鸡血石、纽扣、粮票、挂屏、蝴蝶、名人签名、戏单、菜单、铜锁、古匣、家谱、手绢、扇子、手杖、老式电话机、钢笔、“文革”资料、名车标牌、报刊创刊号、宫灯、铜墨盒、吸斗、贝螺、账钩、打火机、瓷盅、楹联、风筝、鸽哨、蟋蟀罐、烟斗、傩戏面具、蜡染、铜镜、酒觞、小度量衡等等，真可谓包罗万象。这还只是品类，若细分，仅邮品一类，就可分为纪念票、生肖票、四方连、小型张、首日封、纪念封、实寄封、小本票、特种票、民国票、大清票、“文革”票、火车邮戳、名人封、邮刊、首尾封等。字画又是一大品类。仅按年代划分字画就可以分为古代、现代、当代，就不要说按技法、风格内容之类划分了。

收藏之多，由此可见一斑。

二、收藏需把握的要领

随着我国社会经济的快速发展和人民群众的生活水平不断提高，参加收藏的人越来越多，在这个过程中许多投资者都希望获取相应的回报。那么，怎样进行收藏活动才能获取回报呢？

1. 不熟不做

商场上有句至理名言：“不熟不做。”对某一收藏品的品种、性质、特点、市场行情等有关情况不熟悉，就难以准确判断各品种的真伪、价值及未来价格走势等，从而不能做出准确、及时的投资决策。

2. 保持良好心态

投资者必须懂得收藏的保值增值并非定律，风险和回报是成正比的，因此收藏投资人要有良好的平和心态。比如，投资某种稀有钱币，其年代久远，存世不多，正当为收藏了一两枚而高兴，准备转手抛出赚一笔时，忽然有报道称这种钱币在某地方大量出土。按照物以稀为贵的原则，收藏的钱币此时还能有高的回报吗？能够保值就不错了。另外，还要学会等待，收藏到了一件很有价值的物品，正巧经济不景气、人们无力拿出很多的钱来收购时，收藏的回报也不能马上实现。所以，收藏投资多数是长线的，投资者应当学会忍耐和等待。

3. 根据个人情况选择投资品种

投资者应当根据个人的实际情况选择投资品种和方向。投资人的兴趣爱好、经济实力、目的是选择投资品种和方向的三个重要因素。收藏是需要专业知识的，兴趣往往影响着收藏品种专业知识的多少。一般讲，不感兴趣的物品最好不要轻易购买。个人的经济实力也是决定和影响投资品种和方向的重要因素，尽管有某一或几个方面的收藏知识，但是经济实力决定着应量力而行地选择收藏品种，不要孤注一掷。而目的性，是决定长期收藏还是短线投资的主要因素。

有很多东西，初看没什么收藏价值，但当收藏达到一定规模，或经历一段较长的时间后，却又显示出了其极大的收藏价值。因此，只要确有兴趣，什么事物均可收藏；被誉为“鞋海拾贝第一人”的骆崇麒，不知什么原因迷上了收藏古鞋，他自费 7 000 多元，行程 2. 5 万公里. 花时 7 年，收集了古今中外各种古典鞋饰 2 000 余双，那些谢公屐、潘金莲鞋、虎头鞋、满族绣鞋等令世人叹为观止，据估计，其总价值至少已达四五十万元，这是骆先生始料不及的。

4. 要处理好短线投资和长期收藏的关系

在收藏界除了特别有实力的，都应当把长期收藏和短线投资两者之间的关系处理好。以短线投资培育长期收藏是许多收藏者的必由之路。这就是所谓的以藏养藏，以空间换时间。在收藏手法上，许多投资者都会把握住“低进高出”的常规投资原则；在充分了解市场行情的前提下，赚取异地差价是收藏投资获利的普遍途径。

随着社会的发展．人民生活水平日益提高，人们对艺术享受的追求也日益强烈。因此，任何有欣赏价值的东西，都可收藏。如千奇百怪的三峡石，虽来自天然，但因其独有的艺术欣赏价值，使它也成为人们收藏的对象，在收藏界中占据了一席之地。

5. 研究价值原则

有的事物有助于研究社会（包括社会内的各种组织）的政治、经济、历史、军事、文化等。所有这些具有研究价值的事物，都可作为收藏的对象。例如，随处可见的易拉罐，它上面的内容大多体现了一个企业的经营管理思想，如果把一段较长时期内的某类易拉罐（如啤酒易拉罐），或者各类易拉罐收藏得较齐全，就可研究这段时期内企业经营管理思想的发展、变化。

6. 偶尔跟风投资

要善于抓住时机，进行跟风投资。当某些品种行情看好时，不失时机地适当购入，并在适当价位抛出，也是一种投资策略。比如退出流通的人民币的收藏，如果在2003年到2005年期间抓住某些品种，在2010年初出手就可能有几倍的利润。

三、艺术品

在国外，艺术品收藏一直与股票、房地产并列为三大投资对象，个人收藏品的数量和品质往往被视为财富、身份与地位的象征。

近年来，中国艺术品投资市场日渐红火，越来越多的人开始意识到艺术品投资是一种回报颇高的投资理财方式。但是，艺术品行情在拍卖的高抬和媒体的暴炒下，节节攀升，以至飙升，导致投资风险也被极度地放大。

其实，真正的艺术品收藏首先属于一种有益身心的活动，因为精美的艺术品可以为拥有者带来精神上的享受，并令其生活更为充实和更富情趣，然后它才是极具前景的投资，因为精品难求，故升值空间比较大。对于艺术品收藏，投资者不应抱有即时获利的心态，亦不要因投资艺术品而影响正常的生活。即最佳的投资策略是既可获即时的艺术享受，又可投资保值。

艺术品收藏由于其专业性和高风险性，需要投资者认真对待。以下介绍几个艺术品投资技巧，供参考。

1. 多方面获得信息

投资艺术品要从多方面获得市场信息，具体渠道有画廊、拍卖会、古玩市场等。要掌握此类艺术品的详细数据，以便投资时参考。

2. 选择正规的购买渠道

选择购买渠道时，要了解是否有专家鉴定，并要与卖家拟定退货协议，一旦所购买的艺术品有问题，可及时退货而不致造成损失。一些较正规的拍卖公司由于其专业性强，可以对艺术品的真伪起到一定的把关和鉴定作用，对于经验相对缺乏的投资者而言，到这些场所购买较为放心。

3. 要有超前的意识

获得市场认同的知名艺术家的作品无疑很有收藏和投资的价值，但价格也相对偏高。投资者不妨选择一些有潜力的中青年艺术家的作品，当然，这需要投资者对未来市场趋势有所把握。独到的眼光和超前的意识对于收藏和投资而言非常重要。

4. 注意风险

伴随着艺术品投资的火热，大量假货、赝品充斥市场，不善于鉴别的投资者很容易被这些赝品所欺骗而造成损失。因此，专家提醒投资者，要规避风险，投资前最好要学习一些专业知识。

5. 不适宜短期投资

艺术品是不适合短期投资的，需要较长时间来等待其价值升高，短期买卖是一种投机行为，不能真正体现出艺术品的价值。一般来说，艺术品投资比较适合中长期投资，这样可以在尽可能降低风险的情况下获得最大的收益。如果长期投资的话，要承担市场热点转移和价格波动的风险。业内人士建议，10 年左右是一个比较适宜的艺术品投资期限。

四、邮票

1. 邮票收集妙法多

邮票收集是一个小钱变大法宝的好点子。但是初集邮者经常遇到的问题是：从哪里入手？收集新票还是收集旧票？要不要收集首日封？等等。目前集邮品的种类越来越多，真是五花八门、琳琅满目。现在，我们将几种主要的收集方式介绍给您。

（1）收集未使用的新票。

这是一种最普遍采用的方式。因为它比较方便，没有什么难度，经济负担也不大。可以从当今慢慢倒回头，往过去收集。如果你工作或学习较忙，平时无时间在发行新邮票之日去买，可以每年买 1 本年册，也花不了多少钱，这种装入定位册的邮票，既便于收藏保管，册子上又有邮票名称、发行日期、全套枚数、齿孔度数，以至邮票图案内容简介。

（2）收集盖销邮票。

这是邮票公司为初集邮者准备的较廉价的邮票。是将未使用的新邮票，用邮票公司特备的邮戳盖销。其售价大约是新票的 1/3 左右。较高等的集邮家一般是不收集它的。这种盖销票在 20 世纪 50 年代广泛被收集，目前发行的新邮票已很难见有盖销票了。

（3）收集使用过的旧票。

这是一种较为普遍的收集方式。它不用花太多钱．只是要费很多的功夫去收集。其中有些高面值邮票在国内又很难找到；到邮票市场去买，也不便宜。有人认为，实用旧票盖的戳越小越好，其实不然。旧票应该要求邮戳盖得清晰，还要完整地包括时间、地点，便于以后研究邮史时使用。日前国外很盛行所谓“满月”戳，就是指这类邮戳盖得完整清晰的实用旧票。

（4）收集混合票。

有一些初集邮者为欣赏邮票图案，收集时不管其是盖销票还是实用票，只在凑成一套便可以了。这也是一种收集方式。

混合票又有几种方式：新盖混合、新旧混合、盖旧混合；不管是哪种方式，反正都凑成套了。这种方式不但在初集邮者的邮集中普遍存在，就是在某些集邮家的邮集中也是不可避免的。

（5）收集一新一旧。

若只收集一套未使用的新邮票或实用旧票（盖销票）后，还没有满足收集的爱好，可以新旧票两者各集其一。因为有些邮票新票与旧票的收集难度各不相同。

（6）收集四方连邮票。

收集四方连邮票，又可分为收集新票四方连、盖销票四方连及实用旧票四方连。其中以新票四方连最易于获得（一般都要求是个有版（厂）铭的四方连，以便知道是哪个工厂印制的）。实用旧票四方连的收集难度最大。

（7）收集一个单枚票、一个方连票。

这种方式又可以分为收集新票和新方连、旧票和旧方连。目前日本邮票商还为这类收集者专门印制了贴票册。看来这种收集方式逐渐被更多的集邮者所喜爱。

（8）收集一票一封。

每收集一枚邮票、还同时收集一个贴有这枚邮票的实寄封（最好是首日实寄封）。日本也有这种收集方式的专门贴册。

（9）收集一票、一方连、一首日封。

就是收集一枚邮票、一个四方连邮票和一个首日封（实寄或不实寄）。这种方式其实是在前面几种收集方式上的结合。

（10）收集整版票。

有一些集邮者经济力量较强，专门喜欢收集整版的邮票。近些年来有些国家为了满足他们的需要，还专门发行一种“小版张”。有的国家邮商还为此生产保存整版邮票的邮票册。

2. 邮票投资的误区

集邮投资从总体来说，价值是呈上升趋势的，但因不同的集邮品及不同的时期，这种上升发展是不一致的，因此如果不注意，让大量资金积压下来，那是不合投资原则的。

此外，集邮投资首先忌过量投入，特别不要超过自己的财力投资。

其次，不要过于追求投资珍贵的集邮品。

再次，不要追求投资于过热门过冷门的集邮品。

最后，投资者切忌头脑发热。

五、古玩

1. 古玩投资须知

目前古玩市场行情越来越看好，不管是个人爱好者或是企业集团都愿出钱投资。投“古”风险相对来说不大，既保值又升值快。所以“玩古”的人越来越多。古玩的爱好者比较广泛，不限于国内，无论海内外，东西方文化背景的人都有兴趣“玩古”，随着近年市场的开放，投资古玩的好处越觉显现。

投资古玩应注意下面几点：

（1）要选择精品，在质不在量。

例如瓷器，1995 年春季北京瀚海拍卖会中的明宣德青花云凤十棱洗（以 420 万元拍出）、明永乐青花轮花纹扁腹绶带葫芦瓶（以 1 100 万元成交）都是人见人爱之物。器物胎釉上乘，造型美观，图案精细，色彩艳丽，整体艺术气质特优，具有吸引人的艺术魅力。这样超卓的艺术精品，是不可多得的，不能单以钱去衡量。因此艺术精品始终是投资的热门。

（2）选择有信誉的公司或拍卖行购买古玩。

这些机构有权威的鉴定人员，可以确保古玩的真实和价钱的合理。因为目前市场上流行的古玩真假杂陈，精粗不辨。如果不经权威人员鉴定，则最容易上当，造成财物损失。瓷器、玉器自古都有仿品. 虽然其中也不乏高仿，但以仿品当真品买就太不值了。宋代各名窑汝、官、哥、定、钧的瓷器后来各朝均有仿制者。明朝永乐、宣德、成化就开始有仿宋名窑的青、冬青、豆青等釉色。宣德的仿龙泉，釉色便更胜一筹，这些仿品也具有很高的艺术价值和市场价值，但新近有些粗制滥造者仿造劣品并加以某些化学手段来蒙骗人，投资者应慎之又慎，请权威专家鉴定后才可以投资。在有信誉的公司或拍卖行投资古玩，好处还在于有价格的记录和鉴证书，俗称“出世纸”。对于投资的后续动作，便有了保证。如果和不明来路者私下交易古玩，就难以有保障了。

2. 古钱币收藏

古钱币是社会历史的化石，古钱币收藏需要比较高的专业知识。因此，如要收藏、研究钱币就应纵横古今，学习政治、经济、文化、军事、艺术等方面的知识，诸如秦始皇统一度量衡，统一货币；王莽新朝时期的 4 次币制改革；唐王朝安史之乱及其“得宣”、“顺天”钱币；北宋中期出现的“交子”是中国也是世界上最早的纸币……如没有丰富的文史知识，就难以断代，难以辨伪，进而无法研究钱币的文物价值。

(1) 古钱币的收藏关键要解决下列问题:

①真伪鉴别。

这个问题对于古钱币尤其重要。一般的人民币、流通纪念币的真伪相对易于鉴别得多。要解决这一问题，首先要对钱币的发展演变过程有一个比较清晰的脉络。具体到一枚钱币，主要从该币的出土(发行、流传)地点、时间、品名、图文等方面综合评审。钱币真伪鉴别要多看图谱资料，对各种钱的特征、材质需铭记在心。其次要多接触实物，认真把玩，仔细揣摩。对于钱币真伪，要慎下结论，以免错失良机或蒙受不必要的损失。当然，钱币鉴别特别是古钱币的鉴别是相当困难的。要达到一定水平非要有一个日积月累的学习实践过程不可。在投资过程中，若有珍稀钱币拿不准的，还可向钱币专家或钱币学会寻求帮助。

②品幅评级。

钱币的价格与品相等级密切相关。同一种钱币，若品相有差异，则价格相差极大，所以，对一枚钱币品相的判别尤为重要。这种判别必须根据具体情况来定，不能一概而论。在我国，目前还没有统一、规范的钱币品幅评定标志，通常是以交易、投资双方共同认可等级标定。要提醒收藏者的是千万不要盲从一些书籍上所谓的“权威”评级。

③钱币价格。

评估钱币的价格一般取决于该币的稀缺程度、品相、供求关系、面值、历史内涵、艺术水平等方面，它是一个随时都在调整变化的要素。如何才能较为准确地估价，是一个难题。我们认为，应以当前市场同类品种钱币的成交价作为参考，综合其他因素(如国际市场变化情况、币品品相)估价，并得到供求双方的认可，这是一个较为现实的估价。“闭门造车”式的价格标定. 只能是一种理论价格，应由市场来校正。

(2) 收藏古钱币的途径。

收藏古钱币的途径很多，主要有:

①到市场去购买。

目前我国各大城市都有了文物商店、钱币市场甚至专门的古钱币市场。全国许多旅游城市在出售旅游商品的同时也都兼售古钱币。卖古钱币者有数种情况，有古币贩子；有偶然在古墓或遗址中拣到古钱币拿来出卖的农民；也有祖上有人集币，去世后子女不懂也不爱，拿来出卖的。

②到农村和边远城镇去搜寻购买。

我国有几千年的文明史，广大农村居民手中，先辈使用过遗留下来的古钱币还是很多的，如有心去收集，只要方法得当，肯下工夫，肯定是会有收获的。另一方面，农民因为取土盖房、修渠、翻地等常会发现一些窖藏的古钱币。

③借外出、旅游之机把外地的“土特产”带回。

如去西安，即可捎回半两、大泉五十、货布、永昌等钱币；到郑州可买回顺天、得壹、安邑一、二等稀见品；到广西、云南一带可批量购回洪化、昭武、永历、兴朝银币等一类钱币。

④广交朋友，互通有无。

凡集币爱好者都有几个朋友，有本地的，也有外地的。一个集币者要想提高水平，开阔视野，就必须多与朋友交流。

第十一章

量身定做的理财规划

一、存款20万小夫妻，是先买房还是先投资

在广东佛山市工作的陈小姐面临着一个两难的选择。她和丈夫都在市区工作，并未购房而是选择租房住。由于计划过两年生孩子，丈夫希望在市区买房，但陈小姐却认为在老家投资建房出租，这样可以每年收租3万元，等以后再买房。夫妻双方相持不下，希望理财师给点意见，到底是先贷款买房好还是先投资好？目前，夫妇二人现有存款40万元，家庭年收入24万元，租房每月开支2 400元，月生活开支4 000元，刚刚开始基金定投每月1 200元。

1. 家庭情况分析

陈小姐夫妇都拥有稳定的职业，消费也比较理性，但是家庭资产结构偏保守，资产配置过于单一。

如果在老家自建房出租，虽然每年有6万元收益，但是仍需在市区租房居住，租金的一半需用于支付市区房租，投资回报率较低，而且自建房

其变现能力弱，建房成本还不一定能全额收回。

为了生孩子考虑，市区教育资源比郊区丰富，还是建议陈小姐夫妇先买房。

2. 理财规划

陈小姐家庭未来的负担还是会加重的，首先在一年内完成购房目标，需要支付房贷；其次，随着孩子出生，抚养费、教育金的筹备都会成为这个家庭的沉重负担，属于虽无近忧但须远虑的小家庭，非常有必要早做规划，以完成家庭的理财目标。

（1）建立家庭紧急备用金。

由于夫妇双方工作比较稳定，建议陈小姐预留足够三个月生活支出，2 万元左右的资金作为家庭紧急备用金，以活期存款的形式存放在银行，在保持流动性、安全性的前提下兼顾资产的收益性。

（2）首次置业可购买小户型房屋。

陈小姐可购买质量、品牌较好的小户型。例如，房屋面积为 80 平方米，现价按 17 000 元/平方米计算，购房总价为 136 万元，首付 30% 为 40. 8 万元，余款 95. 2 万元可申请 20 年按揭。假设全部使用用商业贷款，采用等额本息法，每月需还款 6 154 元。以陈小姐夫妻的月收入足以支付房贷，还有结余。

（3）增加基金定投，储备子女教育资金。

陈小姐家庭处于成长期，投资可相对激进，建议可对资产进行以下配置：活期存款 5%，固定收益产品 15%，人民币理财产品 40%，股票型基金或集合理财计划 40%，该投资组合的报酬率为 7. 5% ~8% 左右较为适宜。

同时，陈小姐家庭每月扣除租房、生活和还贷支出，还可节余的 6 246元，建议可以增加基金定投金额，作为子女的教育金。若按年收益 7. 5% 计算，2 年后可储备 8 万元作为首笔生育金。

二、月收入 11 000 元家庭如何理财买车买房

陈小姐，今年 27 岁，在一家广告公司工作；今年初刚结婚。丈夫 30 岁，是媒体广告从业人员，夫妇两个有一套 100 平方米左右的新房。家里有 7 万元左右的存款；股票市值 5 万元左右，但暂时被套牢；基金有 3 万元左右。夫妻两人家庭月收入11 000元，每月要交房贷 3 500 元，每月生活费支出 2 000 元。陈小姐夫妇公司已买住房公积金，个人也在保险公司投保了终身寿险，保额 10 万元，每年缴费 2 000 元。

1. 理财需求

由于工作需要，陈小姐准备购买一台小轿车，市场价 20 万元左右。但是丈夫认为两年后要生孩子，预计到时候要准备较多流动资金和孩子的教育费用，不是很赞同买车的计划。陈小姐比较烦恼，如何才能既能买车又能满足生孩子的费用和储备一定的教育经费？

2. 理财问题

（1）如果买车，两人的资金情况能否满足购买小轿车的要求？

（2）两年后要小孩，目前就要开始储备抚养经费和教育经费，如果要储备到足够孩子大学毕业，需要如何准备教育金？

（3）两人的保险是否足够，建议两人应该购买哪些保险？

（4）丈夫希望能再添购一套房子，请问如何配置资金？

3. 问题解决

（1）应购买经济型轿车。

考虑到目前陈小姐目前家庭资产合计仅为 15 万元，无法一次性投入 20 万元资金用于买车，即使是采用汽车消费贷款也会带来较大的还贷压力，影响生活质量，甚至影响到原有投资。

陈小姐的家庭目前房屋贷款负债较高，净资产也不多，购车并非刚性需求，建议降低购买汽车档次，选择购买经济型轿车，或通过2年左右的时间来积累购车资金更为合适。

（2）基金定投储备教育金。

陈小姐及丈夫均处于事业成长期，进行投资的风险承受能力是比较强的，孩子教育准备金比购车需求更为刚性，因此建议陈小姐对这部分重点进行规划。建议陈小姐适当增加高风险投资来提高资金利用效能及投资回报率。

通过选择优质基金进行定期定额投资是一个较为简单而有效的手段，以中国资本市场长期投资年均回报率12%为例，从现在起每月投资300元，22年后可以积累到资金约38万元，轻松满足子女教育所需。

（3）购买意外险改善保障。

作为家庭经济支柱的陈小姐及其丈夫更应对自己人身健康负责。目前已有的终身寿险不足以抵御疾病以及意外风险，需按照家庭情况增配保险。

建议陈小姐夫妇加强抗风险类保险项目：如意外险、重疾险、一般医疗门诊险等，提高家庭的抵御疾病以及意外风险的能力。

另外，孩子出生后，建议为孩子购买一些年缴方式的分红险并附加医疗和意外伤害险，一方面能为宝宝储蓄一笔学习成长经费，一方面也可以保障新生宝宝容易发生的意外。

三、年轻设计师月入两万如何实现换房计划

27岁的张宁是一名设计师，自己在经营一家小型广告公司，公司月收入约两万元，月支出约一万，含家庭支出、员工工资等。张宁目前和妻子及一岁半的儿子住在郊县的父母家，妻子暂时没有工作。张宁刚买下一

套位于市区的小户型，目前只有 10 万元左右的流动资金。新房月供 2 000 元，还未交房，交房后准备用于出租。

1. 理财目标

张宁目前的住房在七楼，因为家里有老人，希望近两年把目前在郊县的自住房换一下，换到二三楼。此外，张宁还想为小孩子储备一部分教育基金。

2. 情况分析

设计师行业具有很大的发展空间。目前张宁很年轻，是家庭主要收入来源者。其个人风险非常大，一旦遭受风险，整个家庭都会受影响。

由于张宁经营的是个人企业，所以他进行金融理财势在必行，且主要考虑在保险、换房、子女教育、养老规划方面。

3. 理财规划

（1）家庭紧急备用金 6 万元可从流动资产 10 万元中扣出。

（2）保险规划目标 396 万元，需年缴 4 万元。

（3）换房规划：目前，张宁刚买了一套小户型房用于出租，主要用于投资使用。房子要等到合适时机变现，两年内变现可能性较小，建议张宁使用按揭买房。首付款加税费约 10 万元（可通过余下的 4 万元和两年间的收入来筹得），由于已是第二次使用房贷故银行利率设定为 5.91%。每月需还月供 1 247 元，加上以前的 2 000 元月供，扣除租金 1 000 元，每月需储蓄 2 247 元。

（4）子女教育规划：根据当前学费情况及全国近 5 年的学费增长率来看，基本上大学费用需要现值 8 万元，每年学费增长率为 5% 比较可行，则 16.5 年期间需要储蓄每月 730 元。

（5）养老规划：张宁现在家庭支出每月 10 000 元（含工资及其他费用），可以估算养老时的现值大约为现在的 0.5 倍，到 60 岁时需准备资金 641 万元，扣除到期保险额 120 万元，余下 520 万元现在需要每月储蓄

2 700元。

总的算下来，张宁年净盈余31 876元，可作企业的流动资金，家庭旅游健身计划等。

四、如何给宝宝买保险

陈先生和陈太太，今年都28岁，幸福的小家庭马上要迎来新成员，可爱的女儿。陈先生有稳定的工作，有社保，对资本市场有长期的研究，目前家庭有存款50万元，其中40万元都是由陈先生投资到股市。陈太太目前没有工作，也没有社保。家庭的年收入在10万元。

陈先生有两套房子，都不用按揭，一套还未交房；另一套小户型50多平方米的房子，用于出租，月租金收入1 200元。为了照顾宝宝，陈先生一家和父母租房住在一起，每月租金900元。陈太太还要自己缴纳社保，每年7 200元。每月陈先生都会给父母生活费1 500元，小宝宝的开销一个月1 000元，陈先生陈太太自己的开销每个月3 000元。

1. 未来计划

（1）两年内买车。

（2）新房交房后要支出一定的装修费。

（3）打算给父母买个小户型住。

（4）给女儿未来更好的生活、学习环境。

2. 家庭财务分析

家庭年收入10万元，由此可以推算陈先生月均收入8 300元，另外房屋租金收入每月1 200元，由此可知此家庭月均收入9 500元。

每月费用支出包括：目前住房的月租金900元，陈太太社保每月600元，父母生活费1 500元，小宝贝开销1 000元，两口子开销3 000元，合计每月支出 7 000 元。

资产状况：银行流动资金 10 万元，股市资金 40 万元；应急变现资产：两套房子。

3. 理财规划建议

从家庭资产配置来看，陈先生投资股市资金比例过大，一旦股市下跌，家庭应急变现的压力将非常大。

建议合理的家庭资产配置比例为：投资股市资金控制在 20 万元左右，抽出 20 万元另加上银行存款 10 万元，这样陈先生家庭就有 30 万元现金。

（1）新房交房后，可用其中 5 万元支付房屋装修，5 万元用于新房布置——家具以及家用电器采购等。

（2）为父母购房，建议在郊区选择一幢小户型房子，首付 10 万元，每月分期付款 500 元即可，让父母可以住得舒心的同时，也不会给陈先生家庭造成太大负担。

（3）准备 5 万元作为购车基金，再加上两年内通过 20 万资金在股市的获利，即可完成陈先生家庭的购车计划。

（4）陈先生每月生活结余 2 500 元，除用于小户型按揭付款 500 元外，每月还有 2 000 元的结余可以用作以女儿为被保险人的家庭保障计划，以便给女儿储备充足的教育基金，并为日后的生活打下良好基础。

4. 保险需求分析

（1）教育基金：在孩子培养过程中，教育费用总是遥遥领先，而教育费用中以大学教育金所占比例最高。基于可接受的假设和合理的估计，通过专用教育金测算软件可以计算出，如果陈先生的小孩在 2025 年进入大学，中国大学每年的学费预计在 21 000 元（经济型）至 48 000 元之间（优越型），取中等水平则四年学费总计约需 13 万元；而如果选择海外留学，届时美国、澳大利亚等国家的学费则至少为国内学费的 5 倍。因此选购一份少儿险储备大学教育金是非常必要的。

（2）与此同时，为了让父母的关爱伴随孩子的一生，通过及早投保，加上长时间的累积效应，一份不错的年金保险可以让孩子的幸福未来多一重保障。

（3）医疗保障：考虑到大病医疗费用，多增加一份重大疾病附加险以及意外伤害医疗附加险，则可以通过增加不多的保费来转移大的财务支出风险。

（4）陈先生作为家庭经济支柱，也是女儿保险的主要缴费力量，一定要确保即使自己有不幸发生，女儿的保险缴费也不会受到影响，给女儿的这份保障能够一直伴随她的成长。因此，保费豁免功能的附加险也是非常必要的。

另外，陈先生正年富力强，事业处于上升期，预计10年内，陈先生的家庭收入将稳中有升，利用这段时间完成对女儿充足的保险规划将使缴费压力控制在最小，因此建议陈先生为女儿购买保险的缴费期为10年。

5. 保险计划推荐

总保费：22 940.28元

缴费期限：10年

被保险人：女儿

产品：分红两全保险

保额：20 000元

保险期：至18岁

保费：18 487.40元

保险利益：

（1）大学教育基金储备：18～24岁，每年领取33 660.32元（按中等红利水平预估）。

（2）婚嫁金或创业基金：25岁一次性领取65 525.07元（按中等红利水平预估）。

五、理财规划书

为了让大家更好更全面的了解理财规划的具体内容，特精选了专业的理财规划书供大家参考。本规划书来源于一家商业银行，编者做了一些修改。

理财规划书

FINANCIAL PLANNING REPORT

目　录

第一部分　家庭基本情况

一、家庭成员基本情况

表 11－1

家庭主要成员表				
家庭成员	年龄	婚姻状况	职业	健康状况及已有保障
小逸	24	未婚	外企翻译	健康/社会保险
母亲	48	离异	失业（待退休）	一般/社会保险

小逸先生于2011年7月法语专业毕业。在国际金融危机的不利经济形式下，他凭借自己出色的专业技能，很顺利地找到了一份工作，现于某外资企业担任翻译，月收入税后3 000元。

父母在小逸童年时就离异了，小逸一直由母亲抚养成人。母亲原本在外贸纺织企业工作，平均月收入有4 000元。可不久前她失业了，公司在宣布倒闭时给了她1万元的“安抚金”。母亲今年48岁，据估计今后两年内她每个月只能领取失业金500元。母亲50岁便可正式退休，此后预计每月便可领取退休金约1 500元。

这样一来，对这个两口之家来说，小逸就成了唯一稳定的收入来源，生活压力不小。

二、家庭基本财务现状

目前，整个家庭的月收入由母亲的500元失业金和小逸的3 000元税后收入两部分构成。在扣除每月的伙食费1 000元和公共事业费、通信费等生活开销2 000元后，所剩无几。这使得家庭财务有些捉襟见肘。

另外，由于小逸第一年工作，这次的年终奖金领到了3 000元。其中2 000元在过年的时候用作孝敬老人和送礼拜年了。

表11－2

家庭每月收支状况（单位/元）			
收入		支出	
本人月收入（税后）	3 000	房屋月供	0
配偶收入	0	伙食费	1 000
其他收入	500	其他生活开销	2 000
		医疗费	0
合计	3 500	合计	3 000
每月结余（收入－支出）		500	

表 11－3

家庭年度收支状况（单位/元）			
收入		支出	
年终奖金（税后）	3 000	保费支出	0
其他收入	0	其他支出（孝顺父母、旅游支出等）	2 000
合计	3 000	合计	2 000
年度结余（收入－支出）		1 000	

目前，小逸家庭的资产合计 105 万元，主要包括：

（1）多年来小逸从生活费中节省下来的 4 万元，存为定期。

（2）家庭另有其他定期存款 10 万元，活期及现金有 1 万元。

（3）母亲曾进行股票投资，当时投入 10 万元资金，经历 2008 年熊市后市值已减半。

（4）母子共同居住的 18 年房龄房产，面积 50 平方米，市价 85 万元。

家庭无负债。

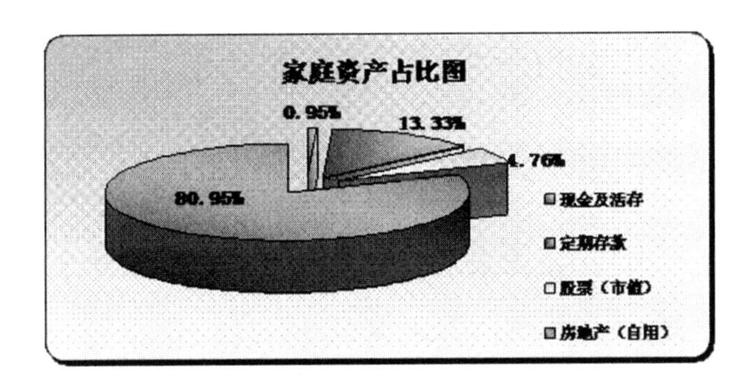

图 11－1

第二部分　家庭财务分析及风险属性测评

一、个人生命周期分析

按照个人财务生命周期理论分析，小逸正处于个人人生生涯的建立期和财务生命的积累期。按常规经验，此时的小逸应该：

（1）在事业上，重视在职进修，为日后提高职场竞争力打好基础。

（2）在日常生活中，量入节出，为今后成家攒下资金。

（3）在投资上，选择定活结合，基金定投等中长期的投资工具。

同时，由于小逸的家庭是个单亲家庭，作为独子，他还要负担起赡养母亲、维持家庭日常生活开销的重任。

二、家庭财务比率分析

储蓄率：年储蓄额/家庭年收入总额

$(500 \times 12 + 1\,000)/(3\,500 \times 12 + 3\,000) = 7\,000/45\,000 = 15.56\%$

净资产投资率：投资净资产总额/净资产额

$$5\text{ 万元}/105\text{ 万元} = 0.048$$

流动性比率：活期及现金/月支出

$$10\,000/3\,000 = 3.33$$

流动性资产与净资产比：（定活期及现金 + 基金定投净值）/净资产

$$15\text{ 万元}/105\text{ 万元} = 0.143$$

资产负债率：负债总额/资产总额 = 0

负债收入比：每月债务偿还额/每月家庭收入 = 0

表 11-4

家庭财务指标分析表				
1	财富积累能力	储蓄率	15.56%	30%左右
2		投资净资产与净资产比	0.048	≥0.5
3	风险抗御能力	流动性比率	3.33%	3~6
4		流动性资产与净资产比	0.143	0.15左右
5	债务清偿能力	资产负债率	0	≤0.5
6		负债收入比	0	≤0.4

三、诊断结论与建议

通过家庭财务指标分析表，小逸家庭财务数据与经验参考值的对比，发现主要问题如下：

（1）家庭的储蓄率和净资产投资率均低于参考值，这说明目前家庭财富积累能力较弱，从而导致用于储蓄和投资的资金不足。

（2）虽然资产流动性比率和流动性资产与净资产之比都在正常经验参考值范围内，但由于其中14万元资金是以定期存款的形式存在的，一旦家庭出现需要动用大量现金的紧急状况，就要通过牺牲定期存款的利息收益来解决问题。

（3）经验数值表明家庭的总资产负债率应低于50%，才不至于产生债务危机。目前，小逸家庭债务属于合理水平之下。然而也正是由于不能充分利用信贷杠杆，使家庭丧失了一些好的投资机会。

针对以上三个问题，建议如下：

- 由于目前家庭收入较少，建议家庭适当“节流”，将家庭的每月生活开支控制在2 500元为宜，提高储蓄资金和投资资产的比重；
- 考虑降低定期存款的比重，适当地将一部分资产投资于基金市场，从而提高现有资产的收益性和流动性；
- 在适当的时候，建议小逸可以通过固定资产抵押的方式向银行申请贷款，盘活固定资产，提高资产的杠杆率。

除此之外，目前小逸家庭的投资工具仅为股票，一方面风险过于集中，另一方面由于缺乏投资经验和系统性风险等原因，在资本市场中不但没有获得理想收益，反而出现了巨额亏损。针对这一问题，需要通过进行合理的投资资产配置予以解决。

同时，保险是家庭理财计划中必不可少的家庭风险管理工具，是一切理财规划的“基石”。小逸的家庭保费支出与年收入的比率为0，而根据家庭保险规划的“双十定律”，普通家庭年保费支出的合理比率应该是年家庭年收入的10%左右。目前，小逸母子俩人均只参加了基本的社会保障，保障力度远远不够。小逸是家庭的最主要经济支柱，需要有保险保障；同时伴随母亲年龄的增加，养老与疾病的费用问题也应考虑通过购买合适的商业保险予以解决。对此，在之后的理财规划方案中会对家庭保险进行详细的规划。

四、家庭风险特征测试分析

为了更好地做出理财建议，邀请小逸家庭做了风险评估测试，具体列表如下，可以作为参考，这有助更好的认识本家庭目前的财务情况。

表 11－5

风险承受能力评分表						
分数	10 分	8 分	6 分	4 分	2 分	得分
就业状况	公教人员	上班族	佣金收入者	自营事业者	失业	8
家庭负担	未婚	双薪无子女	双薪有子女	单薪有子女	单薪养三代	10
资产状况	投资不动产	自宅无房贷	房贷<50%	房贷>50%	无自宅	8
投资经验	10 年以上	6～10 年	2～5 年	1 年以内	无	4
投资知识	有专业证照	财金科毕业	自修有心得	懂一些	一片空白	4
年龄：总分 50 分，25 岁以下者 50 分，每多 1 岁少 1 分，75 岁以上者 0 分						50
总得分		84				

表 11－6

风险偏好评分表						
分数	10 分	8 分	6 分	4 分	2 分	得分
首要考虑因素	赚短现差价	长期利得	年现金收益	抗通胀保值	保本保息	8
过去投资绩效	只赚不赔	赚多赔少	损益两平	赚少赔多	只赔不赚	4
赔钱心理状态	学习经验	照常过日子	影响情绪小	影响情绪大	难以成眠	4
目前主要投资	期货	股票	房地产	债券	存款	8
未来避险工具	无	期货	股票	房地产	债券	6
对本金损失的容忍程度： 总分 50 分，不能容忍任何损失 0 分，每增加一个百分点加 2 分，可容忍 25% 以上损失为满分 50 分。						16
总得分		46				

根据小逸家庭的风险承受能力和风险偏好得分，对照《风险矩阵表》可以判定：小逸的家庭风险特征为“属于高风险承受能力与中等风险态度的投资人”。合适的投资组合配置为：30%债券和70%股票，投资产品组合的预期报酬率为8.5%，标准差控制在在22.40%左右较为合理。

第三部分　理财目标设定与分析

一、家庭理财目标

通过上述财务状况的分析以及风险测评结论，结合小逸和母亲的意愿，归纳出家庭理财目标有如下几项：

- 制定合理投资组合方案，提高投资收益率；
- 30岁前筹集婚房“首付+装修款”；
- 制定并完善家庭成员保障规划；
- 考虑母亲的养老金筹备规划。

二、理财目标可行性分析

表11－7

	项目	时间	内容
短期目标	家庭保障计划	2012年起	完善家庭保障体系： 1. 为母亲准备养老金以及医疗保障 2. 为自己购买相应的人寿保险
	自身教育规划	2012年起	参加在职培训，提高自身职业竞争力
中期目标	储备结婚经费	2012年至2018年	计划利用5～6年的时间，完成结婚“购房首付+装修款”的筹备
长期目标	房贷归还规划	2018年起	购买新房后，与家人共同负担房贷月供
	新组家庭理财规划		负责起家庭重担，为今后家庭成员的保障和子女教育费用做出规划

由于小逸计划在2018年结婚成家，届时家庭成员和财务情况都会发

生很大的变化。长期的房贷规划和新组家庭理财规划需要在了解小逸太太的财务状况后才能予以详细规划。因此根据小逸目前的家庭财务状况以及各项理财目标的轻重缓急，建议：

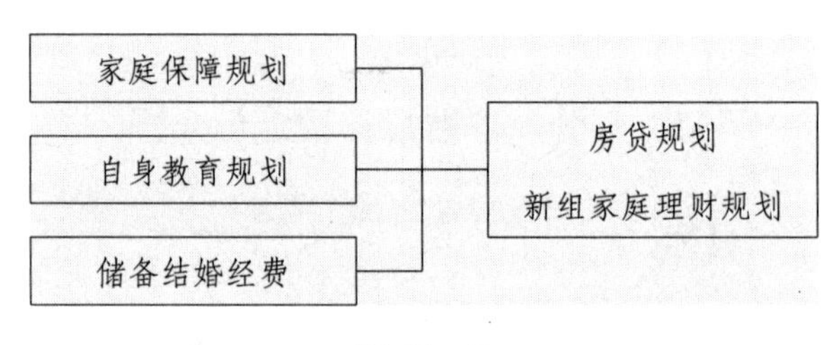

图 11－2

（1）中短期目标采取“目标并进法”予以实现，即从 2012 年起筹备母亲和自己的保险费用以及 6 年后的结婚费用，同时每年为自己预留出一定金额的教育费用。

（2）长期目标采用“目标顺序法”予以实现，即在 2018 年中短期理财目标完成后，再重新规划长期目标如何实现。

第四部分　基本参数设定

本规划的时间起于 2012 年，而在 2018 年小逸若结婚成家，家庭成员和财务情况都会发生很大的变化。因此规范起见，此份理财规划的数据测算截止至 2018 年。此间，考虑到未来我国经济环境的变化可能对报告产生的影响，为便于做出数据详实的理财方案，对相关内容做如下假设和预测：

1. 预期未来每年通胀率≌预期生活消费支出增长率

根据国家统计局发布的 2007－2011 年宏观经济运行数据，过去 5 年内 CPI 年平均上涨 3.7%。基于这一情况，我们把未来每年通货膨胀率与生活消费支出增长率均设定为 4.5%。

2. 收入增长率

（1）小逸收入增长率。

小逸目前担任的法语翻译岗位，属于社会紧缺人才，有很强的市场竞争力。并且如果小逸能通过在职培训，学习一门新的职业技能，进一步提高自身价值，保守估计在未来几年收入增长率年均为8%。

（2）小逸母亲收入增长率。

政府近几年连续增加企事业单位退休职工的养老金，预设小逸母亲的退休后养老金年增长率等同于预期通胀率4.5%。

3. 房价增长率

预设未来几年房价年均增长率为5%。

4. 资本市场投资回报率

目前，1年期定期存款利率为2.25%，属于近几年内的较低水平。根据国内外市场的历史平均回报率，设定货币基金和定期存款回报率为3%，债券为5%，预期股票的长期平均年收益率为10%。

5. 商业、公积金贷款利率

目前，5年期以上商业贷款年利率5.94%，公积金3.87%，预设此数据不变。

6. 公积金和养老金投资回报率

由于是政府投资行为，以资金安全性为首，设定长期投资回报率等于货币基金和定期存款的回报率——3%。

7. 相关税制和城镇职工社会保障制度：均按现行相关规定执行。

第五部分　客户理财规划方案

一、紧急备用金规划

紧急备用金是个人或家庭用于应对突发事件的应急资金储备，通常为个人或家庭3~6个月的支出为宜。目前，小逸家庭中有10 000元的资金是活期存款，家庭的月支出为3 000元，流动性能比率为3.33，基本合理。建议小逸家庭：

（1）将现有的10 000元活期，5 000元投资于货币基金，在兼顾流动性的同时，可获取更高的投资报酬率；3 000元存于银行卡中，开通定活互转功能；剩余2 000元作为现金备用。

（2）“节流”+“定投”双管齐下：适当控制家庭的月开支，通过减少不必要的交通、通讯及交际应酬，将每月开支减至2 500元。每月结余的1 000元收入用于各类基金的定额定投（具体定投规划见“投资规划”）。

（3）申请一张具有透支功能的银行双币种信用卡，通过信用卡的透支额度补充紧急预备金，这样可利用实际消费日至还款日之间的时间差，减少日常生活开支占用紧急预备金的时间和比例。

二、投资规划

如何使现有的家庭金融资产保值升值，并将今后的收入结余投入到合理的投资资产配置？这个问题一直困扰着小逸家庭。

1. 20万元资产的投资组合

首先针对目前家中20万元的金融资产，做以下三方面的投资策略改变：

表11－8

现有金额形式	存在的问题	改进方式	改变理由及预期效果
1万元活期	收益率低	50%货币基金＋30%活期＋20%现金	1. 满足家庭紧急备用金流动性要求 2. 货币基金平均3%收益率能帮助升值
5万元股票	1. 缺乏专业投资知识，亏损较大 2. 工作繁忙，无暇炒股	购买基金，并注意控制不同投资风格基金之间的投资配比	投资基金，在一定程度上能减少投资单一股票的非系统性风险
14万元定期	流动性虽好，但大量闲置存款影响家庭资产保值增值	投资中低风险的银行理财产品	家庭风险承受能力较强，大比例的股票型基金投资能提供较高收益，帮助实现各个理财目标

（1）1万元资金作为家庭紧急备用金，分配成5 000元货币基金，3 000元活期，2 000元现金三种形式，在保证流动性前提下，通过货币基金获取高于活期存款收益率。

（2）5万元资金从股市撤出：考虑到小逸母亲缺乏专业投资知识，而小逸作为职场新人，也不宜将太多的精力投入于股市投资的研究。相对而言，委托具有较高专业素养的基金经理人是理想的选择。

（3）14万元的定期存款转化为家庭生息资产，除了投资于各种不同投资风格的基金之外，也可分配一部分用于购买银行的中低风险理财产品。

2. 家庭收入结余的投资方式

对于家庭今后每月千余元和年度的生活结余，建议采取“基金定投”的方式予以投资。理由如下：

（1）规避单笔投资的选时风险：采用基金定投，投资者可以免除单笔资金投资选择合适投资时点的困扰；基金定投伴随股市的波动，可以自动帮助客户实现“逢低吸筹，逢高减磅”的投资策略，从而摊薄投资成本，一定程度上减少了风险。

（2）养成长期投资的良好习惯：从客观的角度看，投资一个业绩优良，潜力优秀的上市公司，或者一次性购买大量股票基金，长期进行持有，获得的回报可能和股票基金定投基本接近。但在实际投资过程中，单笔投资往往会面临市场的短期调整和波动，以及投资者本人非理性投资决策的影响，结果无法达到最初既定的目标。基金定投就能促使投资者培养长期坚持投资的习惯，聚沙成塔，帮助投资者避免因心理变化而导致投资决策失误，能最大限度防止既定目标被改变。

（3）省时省力更省心：目前各家银行都已开通银行卡代扣定投业务，只需到银行办理相应的签约手续，以后每个月都能享受到“足不出户”的专业理财服务。

（4）享受复利带来的收益：建议将基金的分红方式设定为“**红利再**

投资”，这样就能享受到投资收益再投资的复利效应，进一步加快投资资产的累积。

综上所述，基金定投的方式有助于小逸家庭更好地实现家庭理财目标。

3. 投资组合比例分配与产品推介

根据之前风险承受能力和风险偏好的测试得分，判定小逸的家庭风险特征为“属于高风险承受能力与中等风险态度的投资人”。参考的投资组合配置为：30%债券和70%股票，投资产品组合的预期报酬率为8.5%，标准差控制在在22.40%左右较为合理。但小逸家庭在投资经验和资产规模上较为欠缺。据此，推荐小逸家庭的投资组合做如下的比例分配：

表11－9

<table>
<tr><th>投资品种</th><th>预期收益</th><th>产品特征</th><th colspan="2">配置比例</th><th>风险等级</th></tr>
<tr><td>货币基金</td><td>3%</td><td>无费用，成本低，流动性强</td><td>5%</td><td rowspan="2">30%</td><td>低</td></tr>
<tr><td>债券基金</td><td>5%</td><td>投资债种丰富，收益较稳定</td><td>25%</td><td>较低</td></tr>
<tr><td>混合型基金</td><td>8%</td><td>股债仓位转换灵活，风格稳健</td><td>20%</td><td rowspan="2">70%</td><td>中等</td></tr>
<tr><td>股票型基金</td><td>10%</td><td>专业操盘，把握投资良机</td><td>50%</td><td>高</td></tr>
</table>

组合的平均期望收益率为：

$$R_P = \sum_{i=1}^{n} W_i R_i$$

式中：$n = 5\% \times 3\% + 20\% \times 5\% + 25\% \times 8\% + 50\% \times 10\% = 8.15\%$

具体投资产品推介：

（1）货币市场基金。

货币市场基金具有“拥有活期的便利，国债的收益”的美称，相比活期储蓄，货币基金有更高的收益（活期存款年利率0.91%，货币市场基金一般在3%左右）、优惠税率（免税）以及高度流动性（赎回资金到账时间为T+2）的特点。据“晨星”基金数据中心的统计表明，2005年至今，货币市场基金平均收益率约为3%。

小逸可选择一些回报率较高的货币市场基金进行投资。

(2) 债券型基金。

该类基金是以债券为主要投资对象，辅助参与打新股等投资渠道的基金，最大的特点是：收益稳定，风险较小。

推荐品种：略。

(3) 混合型基金。

混合型基金是指同时以股票，债券为投资对象的基金，主要的特点是根据市场的变化，股债仓位之间能灵活转换；相对债券和股票基金，仓位的上下限较为宽松，在牛市行情中可以加大股票仓位，抓住投资时机，而熊市时，可以将大部分资金投入债市，以规避风险。

推荐品种：略。

(4) 股票型基金。

股票型基金具有集合投资、专业管理、分散风险、利益共享的特征，风险和收益均介于债券和股票之间。目前在开放基金市场中，股票型基金的数量和市场占比都是最大的。沙砾淘金，向小逸家庭推荐几个兼顾收益性和安全性的股票型基金：略。

除此之外，银行系的信托理财产品也是合适的投资渠道。

当然，投资组合并非一成不变，建议小逸适当关注宏观经济环境的变化，适当调整投资结构。此外，还要经常留意各个投资产品的走势和表现，做好评价工作，及时吐故纳新。同时，也要保持一个良好的投资心态，不要因为短期内的市场波动而随意变更预设的投资行为。

三、保险规划

小逸母子俩人都只参加了基本的社会医疗保障，但社保只能“保”而不能“包”，这就需要购买合适的商业保险做最有效的补充。根据小逸的个人意愿以及目前家庭收入不是特别充裕的特殊情况，此份保险规划将优先满足对母亲的规划安排：

虽然这两年内母亲每月的收入只有500元，但正式退休后便可获得每月1 500元的退休金，而且预期退休金的增长能够抵抗通胀导致的货币购买力下降，基本日常生活支出能够得到保障，所以暂时不推荐购买费率较高的养老年金性质保险。

在养老基本生活费用得到保证的前提下，老年人最关注的就是大额的医疗费用问题。小逸母亲今年48岁，身体还算健康。如果50岁后才考虑购买保险，一方面保险费率会大幅上升，另一方法，很多保险公司对于健康险的投保年龄有所限制，一旦过了50岁在产品的选择范围上就少了许多。所以应该现在就开始投保疾病险和津贴型的医疗费用险，并且建议可以采取**“1主险+N附加险”**的方式，充分利用有限的资金购买能涵盖疾病医疗和人身意外伤害的保险。

推荐产品组合如下：

表11－10

小逸母亲保险计划			
保险品种	推荐产品	保费	主要保障利益
寿险	海尔纽约安馨定期寿险	970元/年，固定交费	24万保额（保障死亡的风险）
疾病险	海尔纽约附加定期重大疾病险	904元/年，费用固定	10万保额（死亡和30种重大疾病，含高残）
医疗险	海尔纽约附加住院费用医疗保险	190元/年	住院所有费用报销80%，最高6 000元/年
医疗险	泰康个人住院医疗保险（津贴型）	627元（费用10年一档）	一般住院150元/天（3天免赔，一年最多365天），10种重疾300元/天（一年最多180天），器官移植最高15万；手术费补贴最高8 000元
意外险	新华多保通	100元/年，固定交费	10万～20万元意外死亡保障、意外残疾（视残疾严重按10%～100%的比例赔付）、2 000元意外门急诊
	年缴保费总计	2 791元	
总计：身故保障44万元，重疾保障37.5万元			

这样，小逸只要每年为母亲投入2791元的保费资金，即可获得充分的健康医疗保险保障，同时也解决了意外和死亡伤残的风险，是一个比较全面的保险规划。

对小逸来说，由于目前的生活较为拮据，考虑30岁以后再着手进行全方位的理财规划，这个想法是合适的。但由于小逸是家庭主要的经济支柱，对于自身受到意外伤害可能给家庭带的财务危机却不得不从现在就进行防御。我们对小逸的保险规划分成以下两个阶段进行：

1. 第一阶段2012—2013年

这两年内由于母亲每月只能获得500元的失业金，小逸自己的财富积累也处于起步阶段，按照投资规划的设定，家庭的绝大部分收入结余将被用于基金定额定投。鉴于目前小逸健康状况良好，所面临的最大风险是意外伤害，因此建议小逸只需购买一些低保费、高保障的纯消费险种，如：

表11－11

小逸保险规划（一）					
保险品种	保障期限	缴费期限	保额	保障内容、目标	保费
综合意外险	1年	1年	30万元	意外医疗、意外残疾和意外身故保障，主要照顾到个人及母亲的保障需求	360元/年
定期寿险	20年	20年	30万元	身故和全残保障。一旦发生此两类风险，母亲可将理赔金作为养老保障	306元/年
年缴保费总计：666元					
总计：身故/残疾保障60万元					

万一小逸因意外身故，母亲能获得60万元的理赔金。这笔资金按3%投资收益，母亲余寿至80岁来进行预估：

$$PMT(3\%/12, 32 \times 12, -600\,000, 0) = 2\,426.44$$

母亲每月能获得相当于现值2 426.44元的养老金补贴，再加上原有的1 500元退休工资，每月近4 000元的收入已能够保证母亲安度晚年。

2. 第二阶段2014—2018年

2014年后，小逸家庭的收入情况与财富积累均步入了稳步上升时期。同时，小逸的健康状况也会随着年龄的增加和工作压力的加大而面临更多的风险。因此这一阶段，建议小逸在原有的综合意外险及定期寿险基础上，追加购买重大疾病以及医疗险，进一步完善自身的保障。

表11-12

小逸保险规划（二）					
保险品种	保障期限	缴费期限	保额	保障内容、目标	保费
综合意外险	1年	1年	30万元	意外医疗、意外残疾和意外身故保障，主要照顾到个人及母亲的保障需求	360元/年
定期寿险	20年	20年	30万元	身故和全残保障。一旦发生此两类风险，母亲可将理赔金作为养老保障	306元/年
定期重寿险	20年	20年	20万元	重大疾病保障	740元/年
住院医疗险	1年	1年	额度10万元	意外和疾病的住院医疗费用报销（建议选择有自动续保功能的产品）	374元/年
年缴保费总计：1 780元					

这份规划平均每月支出不到150元，提供了重疾保障20万元；无论医疗或疾病住院，可按个人自付部分80%比例在10万元额度内报销；除了意外身故的60万理赔金，若因疾病身故，也可为母亲留下50万元的备

用养老金。

另鉴于小逸在2018年计划购房结婚，婚后由于家庭成员结构将发生重大变化，届时需要根据当时家庭的具体情况重新构造保险组合。需要改变的内容有：

- 购买贷款（房贷/车贷）险；
- 加大自身医疗险和意外险的保额；
- 为配偶和子女制定保险规划，如儿童意外险等；
- 购买家庭财产险；
- 准备养老年金险。

四、结婚购房规划

三十而立。小逸计划在2018年成家立室。

据《中国结婚产业发展调查报告2009—2010》显示，2009年上海平均每对新人的结婚花费至少12万元（不包括购置新房和新车），增势迅猛。如果设定婚庆费用的增速为4.5%，则到2018年小逸计划30岁结婚的时候，婚庆费用预计近18万元。

至于购房计划，近几年房价大幅上涨，预计未来几年房价仍然会稳步上涨。假设小逸准备购买一套100平方米现价120万元的住房，房价年增长率5%，2015年的该套住房价格为161万元。按现行房贷政策首付3成，到时至少要准备48.3万元的购房款。

目前小逸家庭的生息资产只有20万元，加上投资规划中安排的每月1 000元基金定投资金，要在短短7年时间内完成66.3万元的结婚购房准备，需要达到年化投资回报率i（PV＝－20，PMT＝－0.1×12，N＝7，FV＝66.3）＝14.95%。这样的投资报酬率不仅不符合之前为小逸家庭进行风险测评得出的8.5%合理投资报酬率，并且在实际的资本市场中，能提供如此高的平均投资报酬率的投资产品也是“凤毛麟角”。

由此可见，光靠家庭目前投资资产和收入结余投资，要在7年后实现结婚购房目标是比较困难的。所以建议，通过“**以房换房**”的策略来解决此问题。具体来说就是：出售现在居住的住房，再利用售房款购买一套新的住房。届时小逸夫妇在婚后与母亲共同居住生活。

假设小逸在2015年购房。考虑到现居住的住房房龄较老，升值空间有限，按年均3%增值计算，2015年合理售价为105万。按照现行个人房屋买卖费税的政策制度，小逸家庭出售现有住房需要支付1.43万元费税，购买新的住房所要支付的税费合计约5.7万元。小逸在出售住房后能获得97.87万元（=105－1.43－5.7）的资金，再从中预留出18万元结婚及装修费用，最终剩余的近80万元充当新购住房的首付款。

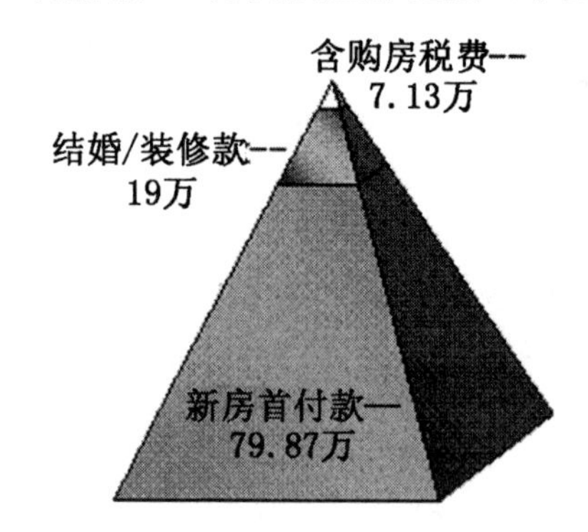

图11－3

目前获知小逸2008年税后月收入为3 000元，对照现行的《个人所得税九级超额累进税率表》，还原出小逸每月的费后税前收入为3 083.33元；继而可估算出小逸以及公司每月缴交的公积金合计为526.42元。

假设公积金年增长率与小逸收入增长率同步，均为8%；公积金账户投资收益率为3%，则到2018年6月底，小逸的公积金账户余额可累计达到6.2万元。

表 11 - 13

2008 年 7 月至 2015 年 6 月小逸公积金账户累积额试算表				
截止日期	上年度结余	本年度缴交金额	本年度收益	期末账户结余
2009 - 6 - 31	0.00	6 317.04	94.76	6 411.80
2010 - 6 - 31	6 411.80	6 822.40	294.69	13 528.89
2011 - 6 - 31	13 528.89	7 368.20	516.39	21 413.47
2012 - 6 - 31	21 413.47	7 957.65	761.77	30 132.89
2013 - 6 - 31	30 132.89	8 594.26	1 032.90	39 760.06
2014 - 6 - 31	39 760.06	9 281.80	1 332.03	50 373.89
2015 - 6 - 31	50 373.89	10 024.35	1 661.58	62 059.82

在解决了 80 万元新购房首付问题后，剩余的 81.13 万元的房款就需要通过贷款方式予以解决。根据小逸的公积金账户累积情况，建议对可以采用“公积金 + 商业”的组合贷款模式。由于购买二手房，按规定最多申请 30 万元额度的公积金贷款，分 15 年归还；剩余的 51.13 万元采用商业银行贷款模式，贷款期限可设定为 30 年。对照现行的《个人住房商业性/公积金贷款万元还本息金额表》，若采用等额本息还款法，小逸每月需归还贷款本息共 5 535.14 元（其中：公积金贷款 1 786.80 元，商业贷款 3 748.34元）。考虑到届时还可用每月缴交的公积金（约 900 元）对冲还贷，再加上与妻子共同负担剩余的 4 000 多元房贷月供额。这样的还款负担对家庭的日常生活影响不大。

五、职业规划

当今社会竞争激烈，建议小逸在考虑家庭理财的同时，也要考虑为自己“理才”，注重自身能力的积累和价值的提升，除了职场的优秀表现之外，还要进行必要的进修和提高，参加合适自身需求的业务培训非常重要。由于目前职业竞争的日趋激烈，职业教育费用也呈现水涨船高的态势，因而建议小逸每年都能为自己预留一份职业教育基金。考虑到未来教育金的增长，可以从投资收益中每年预支金额为5 000元。

第六部分　可行性测试与敏感度分析

三十而立。小逸先生计划在2015年成家立室。本规划的时间跨度起于2012年，而在2018年预计小逸家庭的成员和财务情况都会发生很大的变化。因此，此份理财规划的数据测算截止至2018年，此后小逸先生及家人需要重新建立一份新的理财规划。

一、生涯仿真现金流量表

按照之前预设的收入支出增长率及投资报酬率等数据，计算得出规划后小逸家庭2012年至2018年的年度现金流量表如下：

表11－14　　单位：元

时间	2012年	2013年	2014年	2015年	2016年	2017年	2018年
	24岁	25岁	26岁	27岁	28岁	29岁	30岁
小逸收入	42 120.00	45 489.60	49 128.77	53 059.07	57 303.79	61 888.10	66 839.15
母亲收入	6 000.00	6 000.00	19 656.45	20 639.27	21 671.24	22 754.80	23 892.54
收入小计	48 120.00	51 489.60	68 785.22	73 698.34	78 975.03	84 642.90	90 731.68
活期利息收入	60.00	61.80	63.65	65.56	67.53	69.56	71.64
投资收益收入	15 974.00	16 809.95	17 847.81	20 141.89	22 869.57	26 088.87	29 864.53
收入合计	64 154.00	68 361.35	86 696.68	93 905.80	101 912.13	110 801.33	120 667.86
生活支出	33 440.00	34 944.80	36 517.32	38 160.60	39 877.82	41 677.32	43 547.58
保费支出	3 457.00	3 457.00	4 571.00	4 571.00	4 571.00	4 571.00	4 571.00
培训支出	5 000.00	5 225.00	5 460.13	5 705.83	5 962.59	6 230.91	6 511.30
支出小计	41 897.00	43 626.80	46 548.44	48 437.43	50 411.42	52 474.23	54 629.88
基金定投	12 000.00	12 000.00	12 000.00	12 000.00	12 000.00	12 000.00	12 000.00
支出合计	53 897.00	55 626.80	58 548.44	60 437.43	62 411.42	64 474.23	66 629.88
收支结余	10 257.00	12 734.55	28 148.24	33 468.37	39 500.71	46 327.09	54 037.98

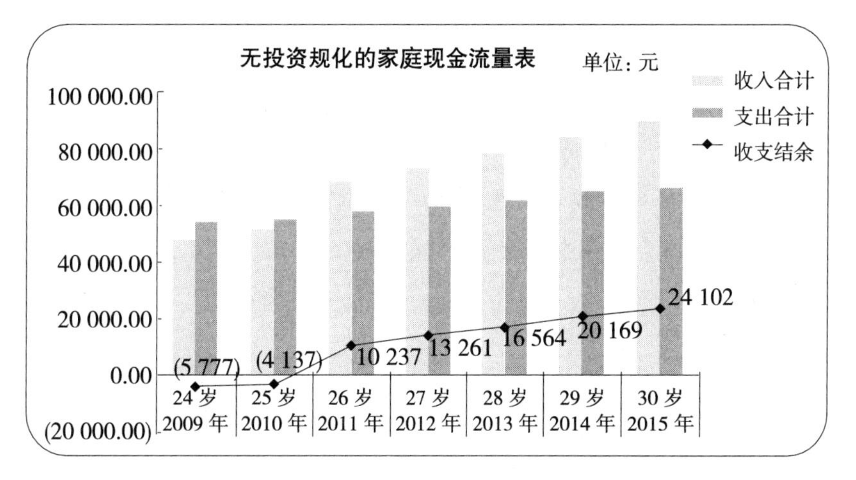

图 11 －4

通过列表中数据显示可知，经过适当的投资组合配置，小逸家庭每年的年度总收入中，有约 25% 是由投资收益所构成的。但是，如果不进行投资资产组合的优化，依然按现有的家庭资产配置进行投资，不仅在头两年会面临家庭财务赤字的窘境，并且对家庭的资产积累也会有很大的影响，致使家庭的理财目标无法实现。

二、家庭资产负债表

截止 2018 年小逸家庭换置新房后，预计家庭资产负债情况如表 11－15 所示：

表 11 －15

2015 年家庭资产负债状况（单位/万元）						
家庭资产				家庭负债		
		金额	占资产比例		金额	占负债比例
流动资产	现金及定活存款	1	0.47%	房屋贷款（余额）	81.13	100%
	货币基金	2.5	1.18%	汽车贷款（余额）	0	
	债券基金	10	4.72%	消费贷款（余额）	0	
	股票/混合基金	37.3	17.61%			
资产总计	211.8	负债总计		81.13		
净资产（资产－负债）				130.67		

可以看到，经过规划后，小逸家庭的储蓄率从15.56%提高至39.79%，投资净资产与净资产比为0.38，而在规划前这一比例仅为0.048；在负债方面，81.13万的房贷占总资产比例为38.31%，也符合合理的经验值要求。总体上，家庭财务状况都有了明显的改善。

通过图11-5和图11-6对比可见，小逸家庭资产各部分的组成比例也更趋于合理。

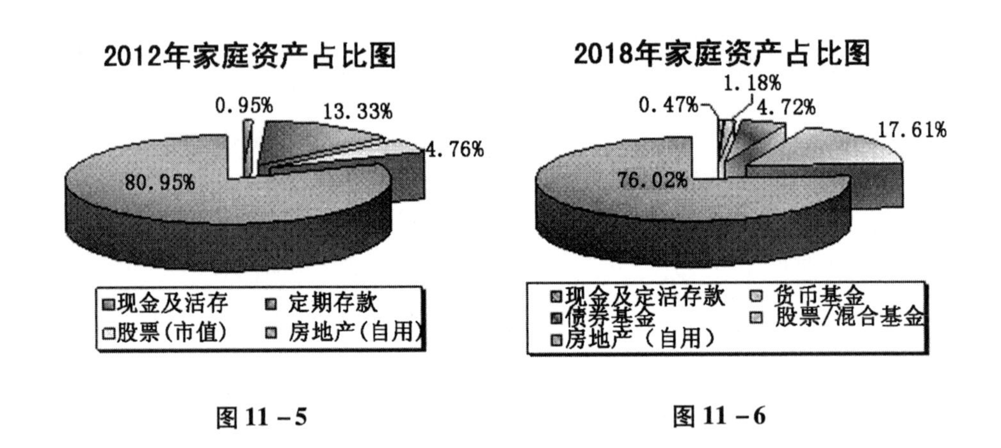

图11-5

图11-6

三、敏感度分析

1. 敏感度分析

(1) 理财目标的实现受到投资报酬率的影响最大，因此敏感度最高，如果投资报酬率提高了，则目标可以提前得到实现。同时投资组合中各部分资产收益率差别较大，当实际变动幅度较大时，需要调整投资组合，使其恢复至固定比例。

(2) 理财目标也受到通货膨胀率的影响，通货膨胀率提高了，支出会相应的增加，实质报酬率降低，理财目标的实现将会受到影响。

因此建议特别关注上述因素的变化，以便对理财目标做出适时的调整。

2. 特别提示

(1) 本规划书中所有的预期以及建议，均建立在目前经济背景下。

这些假设会随着国家经济的变化而发生变化。比如：物价水平会不断变化，证券市场的波动，经济增长率的变化，汇率的变动，国家的房地产调控政策等等，这些都会对理财方案产生一定的影响。当宏观经济面出现较大变动时理财方案应进行适当的调整。

(2) 本规划书中提到的所有金融产品，都是因为叙述方便而使用。提供这些产品的金融机构有最终解释权。

(3) 由于小逸目前是单身状态，当其结婚生子后，该理财方案将会做重大调整，以满足不同生活方式的需要。

(4) 理财规划方案要定期（一般为一年）进行评估和调整，以便达到最佳的理财效果。若期间家庭资产等情况发生重大变化，应重新评估，调整方案，以期帮助客户顺利达到各阶段家庭理财目标。

第七部分　结束语

理财是一段快乐的人生享受，也是一种积极的处世态度，更是一个良好的生活习惯。

古人云“凡事预则立，不预则废”。本案例的主人公小逸刚刚步入社会，人生还如同一张白纸。为了让他人生更加美丽，在别人都没想到时，能想得早一点；在别人都想到时，能想得好一点。而理财就是生活中的这一小点，早用、常用、巧用这一小点，一定能使小逸家庭的生活更加自由、自在、自主。